食品安全检测技术

赵建英 著

中国商业出版社

图书在版编目（CIP）数据

食品安全检测技术 / 赵建英著 . -- 北京：中国商业出版社，2022.10

ISBN 978-7-5208-2259-6

Ⅰ . ①食… Ⅱ . ①赵… Ⅲ . ①食品安全 - 食品检验 Ⅳ . ① TS207

中国版本图书馆 CIP 数据核字（2022）第 183342 号

责任编辑：袁　娜

中国商业出版社出版发行

（www.zgsycb.com　100053　北京广安门内报国寺 1 号）

总编室：010-63180647　编辑室：010-83128926

发行部：010-83120835/8286

新华书店经销

北京亚吉飞数码科技有限公司印刷

*

710 毫米 ×1000 毫米　16 开　12.75 印张　202 千字

2023 年 6 月第 1 版　2023 年 6 月第 1 次印刷

定价：90.00 元

****

（如有印装质量问题可更换）

▶▶▶ 前　言

"民以食为天"，更要"食以安为本"。包括食品品质在内的食品安全，不仅关系到国计民生和社会安定，也关系到我国人民的身体健康和社会的可持续发展。社会的发展和人们生活水平的提高，对食品种类和质量都提出了更高的要求，而高品质的食品，对保证人民身体健康，提高人民生活水平极其重要。食品安全也是当前世界范围内的热点和敏感问题。在我国，基本解决食物量的安全的同时，食物质的安全也越来越受到社会各个层面的普遍关注。目前，全球食品安全形势依然不容乐观，食源性疾病和恶性食品污染事件还时有发生。社会上出现的各种食品安全事件，严重影响了人们对食品安全的信心，冲击了食品行业的诚信道德体系，也影响了食品行业的声誉。三聚氰胺、苏丹红和地沟油等事件，各种农药残留、兽药残留超标以及非法添加等问题给人们留下了深刻的印象。食品安全检测则成为加强对食品的生产、加工、流通、储藏等各个环节质量控制与溯源关键控制的技术手段之一，了解和掌握食品安全检测技术，也就成为食品质量检测工作者的重要责任和工作。

如何提高、保证食品的安全性，成为食品工业发展进程中的一个关键问题。欲在我国的食品产业链建立有效的食品安全监督、管理、控制体系，保障国民的身体健康，必须建立相应的食品安全检测技术体系，开发、完善各种食品安全检测技术，组建业务技术熟练、水平高超的专业队伍，为我国的食品安全体系的形成提供技术支撑和人才保证。本书旨在使学习者了解食品安全检测技术，掌握相应的理论基础，具备运用现代分析检测技术的能力，为他们今后从事食品安全工作提供必需的背景知识。

全书共分8章，第1章为食品安全检测概述，主要介绍食品质量安全与安全检测现状、食品安全检测常用技术、食品安全检测样品的采集和制备、食品安全检测的数据处理;第 2 ~ 7 章分别介绍食品添加剂、食品中药物残留、食品中有害元素、食品加工与储藏过程中产生的有毒有害物质、食品掺伪物质、食品包装材料和容器中有害物质的检测技术;第 8 章为食品安全生物检测技术,介绍了 PCR 检测技术、免疫学检测技术和生物芯片检测技术。

在撰写本书时,将食品分析与食品安全相结合,强调其理论知识与检测技术的紧密结合,在传统理论知识的基础上,增加了现代高新技术对食品分析的影响等内容,具有现实实用性和前瞻性。本书既坚持注重理论体系的准确完整,又讲求概念清晰,语言精练,图文并茂,内容深入浅出;既注重围绕主线,简明扼要,凸显主要部分内容,又强调食品检测的基本要素,力求在有限的文字篇幅里,体现一个较为完整的现代食品安全检测的研究。

本书在撰写过程中,作者参考了大量的书籍、专著和文献,引用了一些图表和数据等资料,在此向这些专家、编辑及文献原作者一并表示衷心的感谢。由于作者水平所限以及时间仓促,书中难免存在一些不足,敬请广大读者和专家给予批评指正。

作　者
2022 年 3 月

目 录

第 1 章
食品安全检测概述

　　食品安全问题不但关系到广大人民群众的生命财产,而且影响着国民经济的繁荣发展,从长远讲,关乎整个社会的和谐稳定。近年来,随着人们生活水平的提高,公众对食品的需求开始从数量需求转变为质量安全需求,并且对食品质量安全的要求越来越高。食品质量安全问题已经成为关系民生的头等大事,受到了全社会的广泛关注。然而,在经济和社会发展过程中,农业生产资源滥用、工业污染、环境变化、人为趋利造假等引发了各类食品质量安全问题。问题食品的出现不但严重危害公众的生命健康,而且容易引起民众恐慌,造成较大的社会影响。

　　2015 年 10 月 1 日,修订后的《中华人民共和国食品安全法》正式颁布实施,明确要求加强食品安全监管。由于食品安全依靠食品检验进行保障,因此国家食品检验体系的水平和能力将会影响社会的稳定和人民的安全。

1.1　食品质量安全与安全检测现状

1.1.1 食品质量与食品安全

1.1.1.1 食品质量

质量不仅指产品本身,还涵盖与产品有关的服务。因此,在 ISO 9000:2015 中质量的定义为:"一组固有特性满足要求的程度",其中产品"满足要求的程度",即是满足顾客要求和法律法规要求的程度。

食品质量是为消费者所接受的食品品质特征。这包括诸如外观(大小、形状、颜色、光泽和稠度)、质构和风味在内的外在因素,也包括分类标准(如蛋类)和内在因素(化学、物理、微生物性的)。由于食品消费者对制造过程中的任何形式的污染都很敏感,因此,质量是重要的食品制造要求。除了配料质量以外,还有卫生要求,要确保食品加工环境清洁,以便能生产出安全的食品。食品质量涉及产品配料和包装材料供应商的溯源,以便处理可能发生的产品被要求召回的事件。食品质量也与确保提供正确配料和营养信息的标签问题有关。

在 ISO 标准中,质量特性的定义是:产品、过程或体系与要求有关的固有特性。产品质量特性是指直接与食品产品相关的特性;过程质量特性是指与产品生产和加工过程有关的特性;体系质量特性是指与产品质量、安全等管理体系有关的特性。具体如表 1-1 所示。

表 1-1　食品质量特性

体系质量特性	过程质量特性	产品质量特性			
		内在指标		外在指标	
		食品安全	营养	感官	性能
ISO 9000 GAP GMP HACCP ISO 22000	人工福利 动物福利 生物技术 有机生产与加工 可追溯性 环境保护 可持续发展	致病菌 药物残留 生长素 添加剂 毒素 物理性污染	蛋白质 脂肪 糖类 维生素 矿物质 膳食纤维	滋味 质地 香味 黏度 色泽 大小 包装	方便性 货架期

众多因素会影响消费者对食品和食品质量的感受。对于食品而言，许多因素是食品固有的，即与其物理、化学特性有关，包括配料、加工和储藏变量。这些变量本质上控制产品的感官特性，对于使用者来说，产品感官特性又是决定接受性和对产品质量感受的最主要变量。事实上，消费者对其他方面的食品质量（如安全性、稳定性，甚至食品的营养价值）的看法，通常是通过感官特性及其随时间而发生的变化而形成的。

因此，要理解食品质量由哪些内容构成，关键是要理解以下三者之间的关系：①食品物理、化学特性；②将这些特性转化为人类对食品属性感受的感官和生理机制；③那些能感受到的属性对于接受性和产品消费的影响。

1.1.1.2 食品安全概述

根据 1996 年世界卫生组织（WHO）的定义，食品安全是指"对食品按其原定用途进行制作或食用时不会使消费者健康受到损害的一种担保"。食品安全要求食品对人体健康造成急性或慢性损害的所有危险都不存在。这是一个较为绝对的概念，后来人们逐渐认识到，绝对安全是很难做到的，食品安全更应该是一个相对的、广义的概念。一方面，任何一种食品，即使其成分对人体是有益的，或者其毒性极微，如果食用数量过多或食用条件不合适，仍然可能对身体健康造成损害。譬如，食盐过量会中毒，饮酒过度会伤身。另一方面，一些食品的安全性又是因人而异的。比如，鱼、虾、蟹类水产品对多数人是安全的，可有人吃了这些水产品却会过敏，会损害身体健康。因此，评价一种食品或者其成分是否安全，不能单纯地看它内在固有的"有毒、有害物质"，更重要的是看它是否造成实际损害。

食品安全属于食品质量的范围之一。对食品工业来说，理想的食品质量控制模式是指"从农田到餐桌"的全过程控制，以及从产地环境质量标准，生产技术标准，产品标准，产品包装标准和储藏、运输标准构成的全方位的质量控制。全过程质量控制贯穿于食品原料安全、食品生产安全、食品流通安全等众多环节。任何一个环节出错，都会影响到食品的最终安全。因此，为确保食品的每一个环节都是安全的，就要保证食品生产的每一个环节都在质量控制的范围之内。食品企业负责食品质量与安全的部门一般称为品管部，具体的岗位有品质保证和品质控制。

1.1.2 食品质量安全的重要性

食品质量安全,是现代食品安全学的主要研究内容。自然界一直存在的有毒有害物质随时都有可能混入食品,危及人们的健康与生命安全,特别是近代工业发展对环境的破坏和污染使这种情况变得更加严重。此外,人们生活节奏加快,消费方式社会化,使食品安全事件的影响范围扩大,食品安全事件甚至可以造成全球性食品恐慌。

食品质量安全出现问题有可能造成食品安全事故,不仅会危害人体健康,引起急性、亚急性和慢性食物中毒,引发食源性疾病,造成死亡、伤残,甚至影响到我们的下一代;同时食品安全事故的发生也会对经济、社会产生巨大的不利影响。食品安全事故,指食物中毒、食源性疾病、食品污染等源于食品,对人体健康有危害或者可能有危害的事故。

1.1.3 食品质量安全现状

食品质量与安全关系到国计民生和人类健康,各国政府对此都高度重视。在我国,党和政府把食品安全提升到保障国家发展战略的高度,2017年国务院印发《"十三五"国家食品安全规划》,党的十九大报告也提出"实施食品安全战略,让人民吃得放心"。食品检测是保障食品安全的重要组成部分,准确可靠的检测手段将有效控制食品安全问题的发生。

当前我国的食源性疾病的病因检测与调查,无论是组织架构,还是技术水平,均有待提高。由于我国食品生产加工、运输、储存、销售中卫生的条件欠佳,增加了食源性疾病风险;但又由于生产加工规模较小,食源性疾病危害的范围和影响程度较小。

在我国大气、水源、环境污染仍较严重的背景下,原料污染是第一大风险,短期内难以被有效化解。自2012年以来,我国对食品安全的关注,已开始从中间部分向前端发力。2011年舆情关注的热点是"方便食品与非法添加",2012年关注的热点为"标准与过程控制",2013年关注的热点为"原料污染与恶意造假",2014年关注的热点为"微生物污染、原料安全与食品掺假",涉农企业成为新一轮被舆论关注的"高危群体"。食品安全问题的重心是由于工业高度发展及环境污染而产生的食物中毒事件。食品的污染来源包括生物性危害物、化学性危害物、物理性危害物以及辐射性危害物等。其中,病原微生物是主要的污染源。

当前,我国食品质量与安全领域中的另一个突出的问题是食品的掺假或欺诈,即假冒伪劣食品。近两年,以恶意添加为主、致人以死亡的恶性安全事故已大幅降低;以劣代良、以假乱真的食品造假等诸多安全事件还在不断出现。食品造假已成为食品工业的"毒瘤"。

近年来,食品质量与安全对我国食品工业造成重大影响,表现最突出的是在全球抢购乳粉的"内需变异"。产品出口的通路受阻,使我国食品工业的竞争力下跌。类似的食品质量安全事件之所以接连发生,除了我国有关食品质量安全的法规尚不健全之外,食品检测技术有待提高、检测仪器使用不方便等也是很重要的原因。目前,食品质量安全存在的严重问题既对食品检测技术提出了更高的要求,同时也将促进食品检测技术水平的提高。

1.1.4 食品安全检测现状

1.1.4.1 食品检测技术更加注重实用性和精确性

随着科学技术的发展,食品检测技术更加注重实用性和精确性。食品检测分析仪器是食品检测技术的重要载体,其实用性主要体现如下。

(1)微型化。食品分析仪器从小型化向微型化发展是为了满足用户使用方便的需求,同时微电子学的进展,在技术上增加了向这一方向发展的可能性。例如,借助现代的纳米、生物、信息技术,改进传统的检测方法,开展合理有效的检测技术研究,开发现代化先进的检测分析技术,实现高效、快速、准确的食品质量安全检测是发展的趋势。

(2)低能耗、便携化。检测分析仪器的低能耗化是降低用户使用成本的战略需要。从低能耗化出发,电化学、光化学分析仪器有良好的发展前景,特别是与智能手机相结合的便携式检测仪器,尤其适用于发展中国家。

(3)功能专用化。检测分析仪器的功能专用化是在总结多年来实行"分析仪器多功能化"效果的基础上提出的。过去仪器制造公司为了获取高额利润,大力推行多功能化产品的路线,认为"一仪多能"比较经济。但实践证明,多功能化设计的分析仪器,其精确度受各功能间的相互制约而下降,因此在高精度检测场合,功能单一有利于仪器的现场使用。

1.1.4.2 食品检测技术与计算机技术结合紧密

科学技术的发展对现代食品检测技术提出了更高的要求,现代食品检测技术不仅要解决有关测量数据的获取问题,更需要解决从大量数据中提取有用信息的问题。具体来说,计算机技术对食品检测技术产生的巨大影响体现在如下几个方面。

(1)计算机技术提高了食品检测系统的数据处理能力。人们从事食品检验往往离不开统计学。由于模糊数学、模式识别、多元回归、试验优化设计等现代数学的引入,食品检验分析过程中的计算量相当大。计算机的应用使得这项工作变得十分容易。将一些现代化数学方法通过计算机软件来实现,在这些强大的计算机软件支持下,现代食品检测技术以惊人的速度完成了大量数据的采集、归整、变换和处理,并可以解决常规食品检验分析中很难解决或不能解决的问题,如谱图识别、多组分混合物分析、实验条件的最优化、多变量拟合、多指标评价等问题。计算机数据处理能力的提高给食品检测技术带来了巨大变化。

(2)计算机技术促进食品检测技术自动化程度的提高。食品检测的自动化早已是多年努力的方向。所谓"自动化"包括动作、信号和结果三个要素。如在上述三要素之外,有自调节系统,就称为自动控制化。

目前大多数食品检测系统均配有计算机完成数据测量、显示与控制的任务,各种工作参数的选择也均由计算机来协调优化。食品检测自动化的进一步发展,不仅要求操作自动化功能的进一步扩充,而且包括发展管理食品检测实验室的能力,如与分析仪器自动进样器相结合的实验程序的开发。人机友好交互能力的增强、检测数据的自动存档保存等必将导致实验室信息管理系统的出现与完善。

(3)计算机技术使食品检测更趋智能化。随着科学技术的进步,运用人工智能技术建立能识别与解释各种食品化学谱图和光学谱图的食品检测专家系统,成为当前食品检测智能化研究的热点问题之一。这方面的工作以及部分成果已引起国内外食品检测专家们的高度重视。

智能化食品检测系统一般包括食品分析专家咨询系统、食品试验优化系统、食品物料测定分析系统以及相关数据库和决策分析系统。

1.1.4.3 食品检测中不断应用其他领域的新技术

（1）现代数学。

①人工神经网络。人工神经网络是以工程技术手段模拟人类大脑的神经网络结构与功能特征的一种技术。人工神经网络不需要精确的数学模型，能通过模拟人的智能行为处理一些复杂的、不确定的、非线性的问题，具有很强的容错性和联想记忆功能；由于它是大量神经元的集体行为，因而表现出一般复杂的、非线性动态系统的特性，可以处理一些环境信息十分复杂、知识背景不清楚、推理规则不明确的问题。人工神经网络处理非线性问题的能力一般高于传统的统计分析方法，它可以识别自变量与应变量间的复杂的非线性关系。

神经网络在食品检测上的应用包括外来物与掺假物的鉴别、气味分析以及感观评定等方面。利用图像处理技术和人工神经网络方法预报冷却牛肉新鲜度，是在现代食品检测中成功应用人工神经网络的实例。

②模式识别。计算机识别就是计算机模拟人对客观环境的认识。事物的性质由其特性决定，人认识事物就是靠这些特征进行识别，不同性质的物体特性在量或质上是不同的，而性质相似的物体特征也相似。因此，只要能找到那些与事物性质有关的特征就能将不同性质的事物进行分类，进而对未知性质的事物做出判断，看它属于哪一类，从而推测它的属性。

在食品质量与安全检测过程中，模式识别技术扮演着重要角色。在食品质量控制过程中，可以使用现代统计过程控制理论，借助模式识别方法，识别非正常质量模式。

③现代最优化方法。现代最优化方法分为数学方法和经验方法两大类。数学方法包括线性规划、非线性规划、动态规划，将实验结果用实验条件的数学函数表示，这样不仅可知道某一因子对结果的影响是否显著，而且可定量地知道当该因子改变时引起结果的变动有多大。这种数学方法常被称为数学模型。模型可以是理论的，也可以是经验的。有些变量之间在理论上存在一定的关系，可直接利用。但在许多场合下往往并无简单的理论模型可以遵循，需要采用经验模型，即以足够的实验数据，假设一个简单的模型求出参数。数学方法虽然在理论上是可行的，但有时在实际应用中会遇到问题，如不知道响应函数的形式，这时就可以考虑使用经验方法，如逐步登高法和单纯形法。

（2）生理学。食品检测除了对食品质量与安全性进行客观评价之外,有时往往要求检测人员表述心理感受。这就要求我们了解人类在受到外界刺激时,各种感觉器官的生理变动规律。生理学的研究成果直接影响食品检测技术的发展。目前,味觉和嗅觉的电生理学研究取得较大进展,电子鼻已经成功应用于鱼新鲜度评价、番茄新鲜度评价、红葡萄酒酒香检测等食品分析中。

1.1.4.4 大力发展实时在线、非侵入、非破坏的食品无损检测技术

无损检测技术属现代食品检测技术、现代电子信息技术、人工智能与模式识别等技术交叉渗透的新领域,具有检测速度快、操作方便和易实现在线检测的优点。从食品品质无损检测所采用的技术手段来看,目前主要有计算机视觉、近红外光谱、高光谱图像、超声波、电子鼻、核磁共振（NMR）、层析成像（CT）等技术。从技术走向上看,由传统无损检测技术（计算机视觉、近红外光谱、电子鼻）向先进的无损检测技术（高光谱技术、NMR、CT 等）趋势发展。就传统的无损检测技术而言,呈现出由静态取样检测走向动态在线检测、由外观品质检测走向内部品质检测以及内外品质同时检测、由单一常规检测技术走向新的高精检测技术和融合技术的发展趋势。从应用对象层面上看,呈现出由早期的食品成品检测延伸到食品精深加工产业链过程实时监控的发展趋势。

1.2 食品安全检测常用技术

1.2.1 感官分析

感官分析也被称为感官评价。2008 年颁布的国际标准 ISO 5492 中将感官分析定义为用感觉器官评价产品感官特性的科学。该定义比较简练,突出了感官分析最重要的特点就是以人为"仪器"去测量产品。感官分析是感知测量食品及其他物质特征或性质的一门科学。感官分析的实施由三要素构成:①评价员;②分析或检验环境,主要指感官分析实验室;③检验方法。

感官分析具有简便易行、灵敏度高、直观和实用等优点。感官分析

常常是食品掺假、新鲜度、变质和污染等食品快速检测过程中的第一个环节,感官分析不合格则不必进行后续检验。

1.2.2 理化分析

理化分析是通过物理、化学等分析手段进行分析,确定物质成分,性质,微观、宏观结构和用途等。物理分析主要对物质材料进行分析、检验,确定一些物理变化数据。物理分析在对金属合金性能研究上很有用,可确定物质的强度承受力是否符合标准。食品理化检验的主要内容是检验各种食品的营养成分及化学性污染问题,包括动物性食品、植物性食品饮料,调味品、食品添加剂和保健食品等。

常见的步骤主要包括以下方面。

①样品的采集、制备,借助一定的仪器从被检对象中抽取供检验用样品的过程。

②样品的预处理,使样品中的被测成分转化为便于测定的状态并消除共存成分在测定过程中的影响和干扰。常用的方法有溶剂提取法、有机物破坏法、蒸馏法、色谱分离法、化学分离法和浓缩法等。

③检验测定,常用的有比重(密度)分析法,重量(质量)分析法,滴定分析法,层析分析法,可见分光光度法,荧光光度法,原子吸收分光光度法,火焰光度法,电位分析法和气相、液相色谱法等。

④数据处理,得到分析报告。

食品理化分析的任务是对食品进行卫生检验和质量监督,使之符合营养需要和卫生标准。

1.2.3 智能感官系统

传统感官鉴评是基于人的鼻子、舌头和眼睛等感觉器官感知样本的特征,经过大脑对这些信息的处理与分析,形成对样本的综合感知。但传统感官鉴评方法成本高、效率低,评价结果受鉴评人员身体和心理等因素影响较大,具有一定的主观性与模糊性。同时,人的感官长时间在一种环境下容易产生疲劳,会影响鉴评结果。模拟哺乳动物嗅觉与味觉机理开发的电子鼻和电子舌恰好能弥补该不足。随着传感器技术及模拟感官神经系统建立智能感官模型方法的发展,电子鼻、电子舌和机器视觉技术凭借其省时省力、操作简单的优点,已在农业生产、食品科学、环境监测等领域得到了广泛的应用。

1.2.3.1 电子鼻

电子鼻是为了模拟人类的嗅觉系统而研制的一种气体检测仪器。电子鼻的传感器阵列相当于人的嗅觉细胞,是电子鼻的核心部件,可以获得样品气味的"指纹"信息。它的工作过程主要分为三个步骤:①传感器阵列与样品气体接触后,传感器的电化学属性发生变化,从而产生信号;②通过电路将信号传输至电脑;③在电脑中,通过统计方法对信号进行分析,从而对样品做出判断。电子鼻检测到的不是样本中具体成分的组成和含量,而是样本中多种挥发性气体成分的综合信息,也称为"嗅觉指纹"数据。

1.2.3.2 电子舌

食品的综合评价由香味和滋味两个重要部分组成。在发展电子鼻的同时,研究者开发了一种利用特殊传感器来模拟哺乳动物味觉系统的检测系统——电子舌。与电子鼻不同的是,电子舌检测的对象是液体。电子舌利用味觉传感器,能够以类似人类的味觉感受方式对酸、甜、苦、鲜、咸五种基本味道检测出对应的味觉特性。电子舌检测原理类似于人类的味蕾感知,其得到的响应信号不是为区分某一个化学成分,而是对样本中非挥发性呈味物质的整体响应,基于味觉信息的差异实现对食品的鉴别。

1.2.3.3 机器视觉技术

机器视觉是一种通过数字图像识别食品特性的无损检测技术。典型的机器视觉系统通常是用相机替代人眼对目标进行图像采集,并运用计算机技术对图像进行处理。机器视觉技术已逐渐应用于食品品质检测中,如果蔬分级、禽蛋检测、食品中微生物含量的检测等。机器视觉可以对食品样品的表面特征进行客观且精确的描述,从而减少大量劳动人员的密集性工作,使整个检测过程自动化。对于食品来说,机器视觉技术是一种很好的感官检测替代方案,可以大大提高生产效率和自动化程度。

1.2.4 色谱、质谱技术

色谱技术实质上是一种分离混合物内不同化合物的方法,已被广泛应用于食品工业的安全检测中。质谱分析是一种鉴别物质成分的方法,具有极高的检测灵敏度。色谱与质谱联用技术结合了两者的优点,成为分析化学的研究热点。

1.2.4.1 气相色谱法和高效液相色谱法

气相色谱法(Gas Chromatography, GC)是英国科学家于 1952 年创立的一种极有效的气体分离方法,具有高效能、高选择性、高灵敏度、高分辨率、样品用量少等特点,主要用于沸点低、具有挥发性成分的定性定量分析。气相色谱法分析速度快、分离效率高,普遍应用于不同品质食品挥发物的区分和检测。

高效液相色谱法是在经典液相色谱法基础上发展起来的。高效液相色谱法是在高压条件下操作的液相分离方法,主要用于分离和鉴别液态食品中不同的成分。与经典的液相方法相比,其优点主要概括如下:①分离效能大大提高;②分离时间大大缩短;③检测灵敏度大大提高;④选择性高。在食品安全领域,高效液相色谱法可以用于液态食品中抗生素、农药残留、致病菌等的检测和鉴别。

1.2.4.2 薄层色谱法和免疫亲和色谱法

薄层色谱法(Thin-layer Chromatography, TLC)是 20 世纪 30 年代发展起来的一种分离和分析方法,仪器操作简单、方便,应用广泛,但灵敏度不高。薄层色谱法是色谱方法中经典的分离方法,是快速分离和定性分析少量物质的一种很重要的实验手段,在多化合物分离情况分析、产品质量初步评价等方面扮演着重要角色。该方法无须专门培训的人员操作,也无须特殊要求的仪器,实验成本低廉可控。

免疫亲和色谱法(Immunoaffinity Chromatography, IAC)是一种通过生物手段从复杂的待测样品中捕获目标化合物的方法,能够快速检测食品中的诸如农药等化合物,成本较低。免疫亲和色谱法的检测器一般采用紫外可见吸收光谱法和荧光光谱法等。鉴于目前生物学方法应用的普遍性,免疫亲和色谱法成为最流行的、使混合物中不同成分纯化的方法。

1.2.4.3 气相色谱－质谱联用技术

气相色谱－质谱联用技术(Gas Chromatography–mass spectrometry, GC–MS)用于有机物的定性定量分析。其中,气相色谱对有机化合物具有有效的分离、分辨能力,而质谱(Mass Spectrum, MS)则是准确鉴定化合物的有效手段。气相色谱－质谱联用技术的特点是分析取样量少,检出限可达纳克级,减少了对待测样品的破坏,通常用于分析极性较大、热稳定性强、难挥发的样品。

1.2.4.4 离子迁移谱

离子迁移谱(Ion Mobility Spectroscopy, IMS)技术是从 20 世纪 60 年代末发展起来的一种检测技术,它以离子在电场中迁移时间的差别来进行离子的分离定性。目前,离子迁移谱技术和色谱对气体成分的分离能力的结合(被称为气相－离子体色谱)主要用于痕量挥发性有机化合物的检测,具有较高的灵敏度。

1.2.5 光谱分析法

光谱分析法是通过食品中的有害物质对不同频率光谱的吸收特性而建立起来的一种评判食品安全性的方法,它以光谱测量为基础,是一种无损快速检测技术,分析成本低。光谱分析法包含三个主要过程:①光谱源提供不同频率的光谱;②光谱与食品中的有害物质相互作用;③原始光谱信号发生改变,产生被检测信号;④分析被检测信号得到有害物质的浓度。

1.2.5.1 近红外光谱

近红外光是指波长介于可见区与中红外区之间的电磁波,波长范围为 780~2526nm。近红外光谱(Near Infrared Spectroscopy, NIR)技术是一种间接的分析技术,是应用数学方法在待检样品与近红外光谱数据之间建立一个关联模型来对样品进行定性或者定量分析。有机物及部分无机物分子中各种含氢基团在受到近红外光照射时,能够吸收一部分光的能量,测量其对光的吸收情况,可以得到食品对应的红外图谱。因为食品中的每种成分都有特定的吸收特征,所以通过 NIR 技术能够检测食品的组成。近红外光谱技术具有速度快、无须制备样品以及成本低等优势。

1.2.5.2　荧光光谱

荧光光谱技术是一项快速、敏感、无损分析技术,能在几秒钟内提供物质的特征图谱。食品中具有荧光特性的物质受光激发后会向四周发出不同频率的荧光,物质的分子结构不一样,其荧光光谱的形状和强度也相应发生变化,因此荧光光谱是提供具有共轭结构的分子的组分分布与浓度大小的有效测试手段之一。

1.2.5.3　拉曼光谱

拉曼光谱中的信息具有多元性,包含了谱线数目和谱线强度等信息。通过所获得的拉曼光谱与标准物质的拉曼光谱进行比对即可判定被测物质的组成,以及利用拉曼光谱峰强度与被测物质浓度成正比的关系进行半定量分析。拉曼光谱技术操作比较简单,在食品成分检测中发挥着非常重要的作用。

1.2.5.4　高光谱

高光谱成像技术是在多光谱成像技术的基础上,在从紫外到近红外的光谱范围内,利用高光谱成像光谱仪,在光谱覆盖范围内的数十或数百条光谱波段对目标物体连续成像。高光谱成像技术融合了图像信息和光谱信息,兼具图像处理技术、光谱处理技术的优势,不仅能对研究对象的外部特征进行可视化分析,而且可以绘制出样品中的化学成分的空间分布,并提供直观的信息。高光谱技术作为一种无损检测技术迅速发展起来,具备绿色、无损等优点,与其他光谱技术相比信息更全面,目前被广泛应用于食品成分检测、产地和种类鉴别、掺假检测等方面。

1.2.6 生物检测技术

利用生物材料与食品中化学物质反应,从而达到检测目的的生物技术在食品检验中显示出巨大的应用潜力。

1.2.6.1 酶联免疫吸附技术

酶联免疫吸附技术(Enzyme-linked Immunosorbent Assay, ELISA)是在免疫酶学基础上,以抗原或抗体作为主要试剂,通过酶反应后得到有色产物,由于产物的量与标本中受检物质的量直接相关,故可根据呈色的深浅进行定性或定量分析。最常用的测定方法有三种:①间接法测定抗原;②双抗体夹心法测抗原;③竞争法测抗原。

1.2.6.2 聚合酶链式反应

聚合酶链式反应(Polymerase Chain Reaction, PCR)是一种对DNA 序列进行复制扩增的技术。在体外合适条件下,以单链 DNA 为模板扩增 DNA 片段。整个反应过程通常由20~40 个 PCR 循环组成,每个 PCR 循环包括高温变性—低温复性—适温延伸 3 个步骤,每完成一个循环需 2~4min。利用此方法无须通过烦琐费时的基因克隆程序,便可获得足够数量的 DNA。目前,PCR 技术主要应用于检测食品中的致病菌、成分类别、有益成分,也可应用于检测转基因食品,如转基因大豆等。

1.2.6.3 生物传感器技术

生物传感器是通过生物感应元件(酶、微生物、细胞或组织、抗原或抗体等)检测、识别生物与食品的化学成分。生物传感器具有高特异性和灵敏度、反应速度快、成本低等优点,主要应用于食品添加剂、致病菌、农药和抗生素、生物毒素等方面的检测。

1.2.7 电化学检测技术

电化学检测法是根据电化学原理和物质的电化学性质检测物质的方法,它是在适当的电位下应用电化学工作站检测物质在电极上发生的氧化或还原反应,以达到对物质进行检测的目的。由于大量有机物有电活性,可在电极上发生电化学反应,给出的电信号与物质浓度间存在良好的线性关系,因此电化学检测适用于绝大多数电活性物质的检测。电化学传感器具有灵敏度和精度高、功耗低、重复性和稳定性好、抗干扰能力强等特点,已经在食品安全检测领域得到应用,如三聚氰胺、苏丹红 1、黄曲霉毒素 B_1、食品中农药残留、亚硝酸盐等含量的测定等。

1.3　食品安全检测样品的采集和制备

1.3.1 样品的采集

采样是食品分析工作中非常重要的环节。采样时必须注意样品的生产日期、批号、代表性和均匀性,采样数量应能满足样品检测项目的需求,从平均样品中分出 3 份,供检验、复检、备检或仲裁用(见图 1-1)。

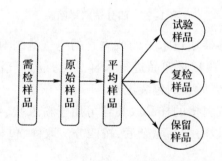

图 1-1　采样步骤

(1)粮食、油料类物品采集。须从每一包装上、中、下三层取出三份检样,并把所有检样合起来作为原始样品,原始样品用“四分法”做成平均样品。四分法取样如图 1-2 所示。

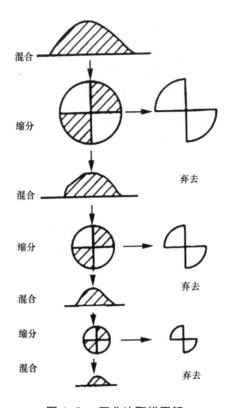

图 1-2   四分法取样图解

自动样品收集器通过水平的或垂直的空气流来对连续性生产的任何直径的粉末状、颗粒状样品进行采样分离,通过气流产生的正、负压对样品进行选择,然后分别包装送检。

带垂直喷嘴或斜槽的样品收集器可用于粉末状、颗粒状、片状和浆状样品采样,它可以将样品除杂后,按四分法取样、包装后送检。图 1-3 为不同的采样器。

(2)较稠的半固态样品(如稀奶油)采集。可用采样器从上、中、下三层分别取出检样,然后混合缩减至得到所需数量的平均样品。

(3)液态样品采集。在采样前须充分混合,如果混合容器内被检物的量不多,可用由这一容器转移到另一容器的方法来混合,然后从每个包装中取一定量综合到一起,充分混合均匀后,分取缩减到所需数量。

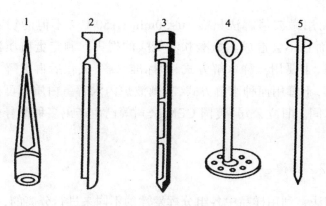

图 1-3　采样器

1.固体脂肪采样器；2.谷物、糖类采样器；

3.套筒式采样器；4.液体采样搅拌器；5.液体采样器

（4）小包装的样品采集。小包装的样品（如罐头、瓶装奶粉等）连包装一起采样。

1.3.2 样品的预处理

1.3.2.1 有机物破坏法

有机物破坏法用于食品中无机盐或金属离子的测定。在进行检验时，必须对样品进行处理，在高温或强氧化剂条件下破坏有机物，使被测元素以简单的无机化合物形式出现，从而易被分析测定。

（1）干法灰化。干法灰化是将样品在马弗炉中（一般 550℃）充分灰化，灰化前须先将样品炭化，即把装有待测样品的坩埚先放在低温的电炉上使样品炭化。

（2）湿法消化。湿法消化是加入强氧化剂，使样品消化而被测物质呈离子状态保存在溶液中。由于湿法消化时间短，而且挥发性物质损失较少，常用于处理某些极易挥发散失的物质，但是其试剂用量较大，在做样品消化的同时必须做空白试验，并需工作者经常看管。另外，湿法消化污染大，劳动强度大，操作中还应控制火力，注意防爆。

（3）微波消解法。Yamane 等人用微波消解法测定大米粉样品中的 Pb、Cd、Mn 时，以硝酸及盐酸的混合液为消化液，实验步骤如下：称取 300mg 样品于 Teflon PFA 消解容器内，加入 2mL 硝酸，及 0.3mL 0.6mol/L 盐酸溶液，微波消解 5min。常规的氨基酸水解需在 110℃水解 24h，而用微波消解法只需 10~30min（150℃），不但能切断大多数的肽键，而且不会造成丝氨酸和苏氨酸的损失。测定蛋白质样品中的氨基酸时，主要用三种水解方式，即标准水解、氧化后再水解及碱性条件下水解，不管用何种水解方式，在微波炉内水解蛋白质都可极大地缩短水解时间。日立公司、美国 CEM 公司等已生产出多种型号的微波消解仪。

1.3.2.2 蒸馏法

蒸馏法是利用样品中各组分挥发性的不同来进行分离的，可以用于除去干扰组分，也可以用于抽提被测物质。根据样品中待测成分性质的不同，可采用常压蒸馏（见图 1-4）、减压蒸馏（见图 1-5）、分馏（见图 1-6）等蒸馏方式。当前普遍使用的带微处理器的自动控制蒸馏系统，使分析人员能够控制加热速度、蒸馏容器和蒸馏头的温度及系统中的冷凝器和回流阀门等，使蒸馏的安全性和效率得到了很大的提高。

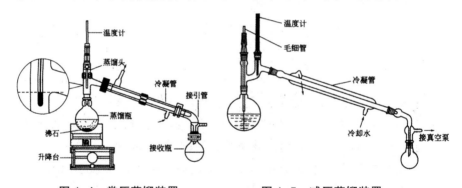

图 1-4　常压蒸馏装置　　　图 1-5　减压蒸馏装置

1.3.3 样品的制备

不同的样品采用不同的制备方法，具体内容如下。

粮食、烟叶、茶叶等干燥产品：将样本全部磨碎，也可采用四分法缩分，取部分样本磨碎，全部通过 20 目筛，四分法再缩分。

肉食品类：切细，绞肉机反复绞三次，混合均匀后缩分。

水产、禽类：将样本各取半只，去除非食用部分，食用部分切细，绞肉机反复绞三次，混合均匀后缩分。

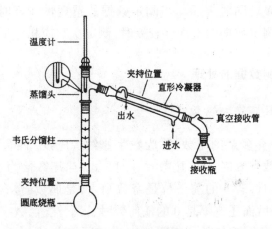

图 1-6　分馏装置

　　罐头食品：开启罐盖，若是带汁罐头（可供食用液汁），应将固体物与液汁分别称重，罐内固体物应去骨、去刺、去壳后称重，然后按固体与液汁比，取部分有代表性数量，置于捣碎机内捣碎成均匀的混合物。

　　蛋和蛋制品：抽取 5 枚以上鲜蛋，将其敲碎放入烧杯中，充分混匀，待检。如蛋白、蛋黄分开检测时，将蛋敲碎后倒入 7.5 ~ 9cm 漏斗中，蛋黄在上，蛋白流下，然后分别收集于烧杯中，再用玻璃棒充分混匀，待检。其他蛋制品，如粉状物经充分混匀即可。皮蛋等再制蛋，去壳后，置于捣碎机内捣碎成均匀的混合物。

　　水果、蔬菜类：如有泥沙，先用水洗去，然后除去表面附着的水分，取食用部分，沿纵轴剖开，切成四等份，取相对的两块，切碎、混匀，取部分置于捣碎机内捣碎成均匀的混合物。

　　花生仁、桃仁：样本用切片器切碎，充分混匀，四分法缩分。

1.4　食品安全检测的数据处理

1.4.1 分析结果的表示

　　通常，食品分析结果采用质量分数，而对食品中微量元素的测定结果采用 mg/kg 或 μg/mg，统计处理的结果采用测定值的算术平均数 $\bar{x}$ 与

极差 $R=X_{max}-X_{min}$ 同时表示。当测定数据的重现性较好时,测定次数 n 通常为 2;当测定数据的重现性较差时,测定次数应相应地增加。

1.4.2 检测数据的处理

1.4.2.1 数字修约规则

按规则舍弃多余的尾数,称为数字修约。应按"四舍六入五取双"原则,即当尾数 ≥ 6 时,入;尾数 ≤ 4 时,舍。当尾数恰为 5 而后面数为 0 或者没有数时,若 5 的前一位是奇数则入,是偶数(包含 0)则舍;当尾数恰为 5 而后面还有不是 0 的任何数时,入。注意,数字修约时,只能对原始数据进行一次修约到需要的位数,不能逐级修约。

例如,将下列数据修约为四位有效数字:

35.2441 → 35.24 19.00637 → 19.01

26.0750 → 26.08 46.0850 → 46.08

13.7450002 → 13.75 52.195 → 52.20

1.4.2.2 可疑数据的取舍

在实际分析中,常会遇到在一组平行测定的数据中,个别数据比其他数据过高或过低的情况,通常称这种数据为可疑值。它会对测定结果(平均值)的准确度和精密度产生很大影响。如果可疑值确实是因为实验中的过失所造成的,则可舍弃。目前,常用的判别方法主要有狄克逊检验法、格鲁布斯检验法。

狄克逊检验法,也称 Q 检验法,是指用一组测量值的一致性检验测定值(或平均值)的可疑值和界外值,并以此来决定最大或最小的测定值(或平均值)的取舍。其中提到关于平均值的取舍问题,是由于有时要进行几组数据的重复测定,而取几次测定的平均值,也是一个可疑值取舍问题,也要进行检验。

Q 检验法检验步骤如下。

①首先将一组测定值从小到大排列:x_1,x_2,$\cdots$,x_n。

②计算:用表 1-2 所列公式计算出 Q 值。计算时,Q 值的有效数字应保留至小数点后 3 位。

表 1-2　Q 值计算公式

测定次数（n）	计算公式	公式用途
3 ~ 7	$Q = \dfrac{x_2 - x_1}{x_n - x_1}$	检验最小值 x_1
	$Q = \dfrac{x_n - x_{n-1}}{x_n - x_1}$	检验最大值 x_n
8 ~ 12	$Q = \dfrac{x_2 - x_1}{x_{n-1} - x_1}$	检验最小值 x_1
	$Q = \dfrac{x_n - x_{n-1}}{x_n - x_2}$	检验最大值 x_n
13 及以上	$Q = \dfrac{x_3 - x_1}{x_{n-2} - x_1}$	检验最小值 x_1
	$Q = \dfrac{x_n - x_{n-2}}{x_n - x_3}$	检验最大值 x_n

③判定：从表 1-3 中查出 Q 值的临界值。

若 $Q \leqslant Q_{0.05, n}$，则该测定值可以接受；

若 $Q_{0.05, n} < Q \leqslant Q_{0.01, n}$，则受检验的测定值为可疑值，用一个星号"*"记在右上角；

若 $Q > Q_{0.01, n}$，则受检验的测定值判为界外值（异常值），用两个星号"**"记在右上角，该值需舍去。

表 1-3　Q 检验临界值

n	$Q_{0.05}$	$Q_{0.01}$	n	$Q_{0.05}$	$Q_{0.01}$
3	0.970	0.994	22	0.468	0.544
4	0.829	0.926	23	0.459	0.535
5	0.710	0.821	24	0.451	0.526
6	0.628	0.740	25	0.443	0.517
7	0.569	0.727	26	0.436	0.510
8	0.608	0.717	27	0.429	0.502
9	0.564	0.672	28	0.423	0.495
10	0.530	0.635	29	0.417	0.489
11	0.502	0.605	30	0.412	0.483
12	0.479	0.579	31	0.407	0.477

n	$Q_{0.05}$	$Q_{0.01}$	n	$Q_{0.05}$	$Q_{0.01}$
13	0.611	0.697	32	0.402	0.472
14	0.586	0.670	33	0.397	0.467
15	0.565	0.647	34	0.393	0.462
16	0.546	0.627	35	0.388	0.458
17	0.529	0.610	36	0.384	0.454
18	0.514	0.594	37	0.381	0.450
19	0.501	0.580	38	0.377	0.446
20	0.489	0.567	39	0.374	0.442
21	0.478	0.555	40	0.371	0.438

④当 x_1 或 x_n 舍去时,还需对 x_2 或 x_{n-1} 再检验,此时临界值应为 $Q_{0.05,(n-1)}$ 和 $Q_{0.01,(n-1)}$,以此类推。

[示例]利用气相色谱对试样进行分析,进样 6 次,峰高(mm)如下:143.0、145.5、146.7、145.2、137.3、141.8。用 Q 检验法判断 137.3 是否应该舍去?

解:①首先将数据由小到大排列:137.3、141.8、143.0、145.2、145.5、146.7,受检验的是 x_1。

②根据公式计算:

$$Q = \frac{x_2 - x_1}{x_n - x_1} = \frac{141.8 - 137.3}{146.7 - 137.3} = 0.479$$

③从表 1-3 中查出临界值:$Q_{0.05,6} = 0.628$,$Q_{0.01,6} = 0.740$。

④判定:由于 $Q = 0.479 < Q_{0.05,6} = 0.628$,所以 137.3 值可以接受,不应舍去。

从上例不难看出,Q 检验法拒绝接受的只是偏差很大的测定值,它把非异常值误判为异常值的可能性是很小的,而把异常值误判为非异常值的可能性则大些,因而 Q 检验法不可能出现检验的数据精密度偏高的假象,是一种比较好的检验方法。同时也使我们认识到,实验数据不能随意取舍。比如,做了 3 次重复测定,往往有 2 个测定值比较接近,另一个测定值有较大偏差,有的人则喜欢从 3 个测定值中挑选 2 个"好"的数据进行计算,另一个数据则丢弃不算。实际上,根据统计原理从 3 个数据中挑选 2 个数据是不合理、不科学的,要纠正这种盲目行为。

格鲁布斯检验法,也称 G 检验法。检验步骤如下。

①首先将一组测定值从小到大排列:x_1, x_2, $\cdots$, x_n,设 x_k 为可疑值。

②算出 n 个测定值的平均值 $\bar{x}$ 及标准偏差 S。

③计算 G 值:

$$G = \frac{|x_k - \bar{x}|}{S}$$

④由 G 值表(见表 1-4)查出相对应的临界值。

⑤判断:

当 $G \leqslant G_{0.05,n}$ 时,则可疑值应保留;

当 $G > G_{0.01,n}$ 时,则可疑值应舍去。

表 1-4　G 检验临界值

n	$G_{0.05}$	$G_{0.01}$	n	$G_{0.05}$	$G_{0.01}$
3	1.15	1.15	15	2.41	2.70
4	1.46	1.49	16	2.44	2.74
5	1.67	1.75	17	2.47	2.78
6	1.82	1.94	18	2.50	2.82
7	1.94	2.10	19	2.53	2.85
8	2.03	2.22	20	2.56	2.88
9	2.11	2.32	21	2.58	2.91
10	2.18	2.41	22	2.60	2.94
11	2.24	2.48	23	2.62	2.96
12	2.29	2.55	24	2.64	2.99
13	2.33	2.61	25	2.66	3.01
14	2.37	2.66	30	2.74	3.10

[示例] 中的数据,用 G 检验法判断 137.3 是否应该舍去?

解:①首先将数据按由小到大的顺序排列:137.3、141.8、143.0、145.2、145.5、146.7,受检验的是 x_1。

②根据公式计算：

$$G = \frac{|x_1 - \overline{x}|}{S} = \frac{|137.3 - 143.25|}{3.42} = 1.74$$

③从表 1-4 中查出临界值为：$G_{0.05,6}=1.82$，$G_{0.01,6}=1.94$。

④判定：由于 $G=1.74 < G_{0.05,6}=1.82$，所以 137.3 值可以接受，不应舍去。

第 2 章

食品添加剂的检测

　　由于食品添加剂在改善食品的色、香、味、形,调整食品营养结构,提高食品质量和档次,改善食品加工条件,延长食品的保存期等方面发挥着极其重要的作用。所以,食品添加剂被广泛应用于食品加工的各个领域,包括粮油加工,畜禽生产加工,水产品加工,果蔬保鲜与加工、酿造,以及饮料、烟、酒、茶、糖果、糕点、冷冻食品、调味品等的加工和烹饪行业。

　　随着我国经济持续快速的发展,人们生活水平的提高,在巨大的市场需求拉动下,食品工业成为工业发展中发展最快的行业之一。近20余年,食品工业发展速度很快,2021年全国食品工业规模以上企业实现利润总额6187.1亿元,同比增长5.5%,与之配套的食品添加剂制造业也保持了较快的增长态势。

　　"民以食为天,食以安为先",随着现代化、工业化的发展,人民生活水平日益提高,人们在温饱之后就更加关注食品安全,但是道德与诚信的缺失、非法添加物的使用,使得食品安全事件频频发生,加之公众对于食品添加剂的认知存在一定的误区,使得食品添加剂成了非法添加物的替罪羊。因此,我们要提高公众对于食品添加剂的认知水平,加强食品添加剂监管力度,严格按照《中华人民共和国食品安全法》等相应的法律法规来规范食品生产和食品添加剂的使用,使食品添加剂在促进我国食品工业发展与保证食品安全方面发挥积极的作用。

2.1　食品添加剂的作用和发展现状

2.1.1 食品添加剂在食品工业中的作用

　　长期以来,如何改善和提高食品的品质,减少食品加工、储存及运输过程中的损耗是困扰食品工业的一大难题。随着食品添加剂的广泛使用,这一难题正在逐步得以改善和解决。在现代社会,食品添加剂已成为食品的重要组成部分,是食品储存、加工和制造等环节中的关键性原料,它为满足人们不断提高的生活消费需求和食品工业的蓬勃发展提供了不可或缺的支持和帮助。食品添加剂的作用可归纳为以下几个方面。

2.1.1.1 提高食品的品质

　　随着广大人民群众生活水平的不断提升,人们对食品的品质要求也越来越高。人们除了要求食品能提供维持机体正常生命活动的有效营养成分之外,还希望食品能在更长的时间内具有良好的感官性状,并具有一定的保健功能特性。食品添加剂在食品工业中的广泛使用,对食品品质的提高主要体现在如下方面。

　　(1)改善食品风味。食品风味由食品的色、香、味、形态和质地等构成,是衡量食品品质的重要指标之一。食品在储运、加工过程中或保存过程中,其颜色、风味和质地等会发生变化,或者口感、质地不能够满足消费者的需求,如何将这些变化控制在要求的范围内是食品加工制造过程中需要解决的重要问题。在食品加工中适当使用食品着色剂、食品护色剂、食品漂白剂、酸味剂、食品用香料、食品乳化剂、食品增稠剂、食品水分保持剂等食品添加剂,可以在一定程度上实现对食品风味的控制,显著提高食品的感官性状和质量。例如,食品着色剂可赋予食品需要的色泽,酸味剂可为不同的食品呈现特征酸感,食品增稠剂可赋予饮料和糖果要求的不同质感,食品乳化剂可实现油水体系的混溶等。

　　(2)增加食品的品种,提高食品的方便性。随着人们消费水平的提高,对于食品品种及方便性的需求也大幅度增加。由于食品工业的发展,新的食品加工技术、加工工艺及产品配方的应用使得目前市场上的食品种类繁多、琳琅满目。而食品添加剂通过在配方中的科学合理使用对增加食品花色、品种方面发挥着积极的作用。在方便食品与即食食品中,食品添加剂不仅在防腐、抗氧化、乳化、增稠、着色、增香、调味等方面发挥着作用,而且在改进其速煮、速溶等提高食用的方便性方面也发挥着重要作用。

（3）延长食品的保质期,防止腐败变质。由于绝大多数食品都以动物、植物为原料,而这些生鲜原料在植物采收或动物屠宰后,可能会因不能及时加工或加工不当,出现腐败变质,致使食品失去应有的营养价值,甚至产生有毒有害成分,这不仅会造成食品的浪费和经济损失,还会严重威胁食用者的生命安全。适当使用食品添加剂可防止食品的腐败,延长其保质期。例如,保鲜剂可以提高果蔬在储存期的鲜度;不同的防腐剂可以阻止不同的微生物引起的食品腐败变质,同时在一定程度上可防止出现因微生物污染引起的食物中毒现象;抗氧化剂有抑制油脂自动氧化反应的作用,可阻止或延缓食品的氧化变质;亚硝酸盐可抑制微生物的增殖,延长肉制品的货架期;等等。

（4）提高食品的营养价值,防止营养不良或营养缺乏。食品及食物从本质上讲是为人类提供维持生命活动、维持生长发育、调节基本生理功能的富含营养的物质。食品防腐剂和抗氧化剂的应用,在防止食品腐败变质的同时,对保持食品的营养价值具有重要作用。由于单一的食品营养素不均衡,以及在食品加工、储运过程中,往往会造成一些营养素损失,所以,在食品加工时适当地添加某些食品营养强化剂,对于提高食品的营养价值、防止营养不良和营养缺乏、促进营养平衡、提高人们的健康水平具有重要意义。

（5）增强食品的保健功效,满足不同人群的特定需求。不同年龄、不同性别和不同职业人群及不同疾病患者对食品有不同的保健需求。在研究开发针对不同生长阶段、不同职业岗位以及一些常见病、多发病等特定人群食用的保健食品中,很多时候需要借助或依靠食品添加剂。例如,可用甜味剂如三氯蔗糖、纽甜、甜菊糖等生产无糖的甜味食品,满足糖尿病人的需求;用碘强化剂生产碘强化食盐,供给缺碘地区人群可预防碘缺乏病;二十二碳六烯酸（DHA）是组成脑细胞的重要营养物质;牛磺酸会影响婴幼儿视网膜和小脑的发育,若将其添加到儿童食品中,如乳制品、罐头、米粉等食品,则有利于儿童的健康成长。

随着人们对健康的重视度不断提高,功能性食品越来越受到关注。研究表明,天然着色剂中叶黄素具有护眼的功能,番茄红素消除过剩自由基的抗氧化活性远高于维生素 E;甜味剂中糖醇类具有改善肠道功能、调节血糖、促进矿物质吸收、防龋齿等功能。增稠剂中,高甲氧基果胶不仅能带走食物中的胆固醇,而且能抑制内源性胆固醇的生成;降解的瓜尔豆胶能调节血脂;黄原胶具有抗氧化和免疫功能。功能性食品添加剂既是食品添加剂,又具有特殊的保健功能,加工制造具有不同保健功能的食品可以满足不同人群的特殊需要。

2.1.1.2 满足食品工业工艺技术发展的需要

(1)促进食品工业生产的机械化、连续化和自动化的发展,提高生产效率。21 世纪,我国食品工业进一步向着机械化、自动化、规格化、规模化的方向发展。在食品的加工中使用食品添加剂,往往有利于实现不同的食品加工制造工艺。例如,不同的膨松剂可以满足面包和饼干加工工艺的不同需要;消泡剂可以避免豆腐中孔洞的形成,提高豆腐的品质;采用酶水解蛋白工艺可以避免酸碱水解的高温和污染;制糖过程中添加乳化剂,可消除泡沫,提高过饱和溶液的稳定性,使晶粒分散均匀,并降低糖膏的黏度,提高热交换系数,从而提高设备使用效率和糖品的产量与质量,降低能耗和成本;在果蔬汁生产过程中添加酶制剂,可以提高出汁率,缩短澄清时间,有利于过滤。

(2)加大食品资源的有效利用,推动新产品的开发。目前,市场已有 20000 种以上的加工食品供消费者选择。但是经济的发展、社会发生的深刻变化大大促进了食品新品种的开发和发展。自然界中已发现的可食性植物有 8 万多种,我国仅蔬菜品种就超过 1.7 万种,可食用的昆虫就有 500 多种,还有大量的动物、矿物资源。新产品的开发和资源的有效利用都离不开各种食品添加剂,利用食品添加剂制成的营养丰富、品种齐全的新型食品,可满足人类发展的需要。

2.1.2 食品添加剂工业的发展现状

一般认为,食品添加剂的发展只有一个多世纪,但食品添加剂产业发展却十分迅速,现在全世界范围内的食品添加剂已有 25000 余种,常用的有 5000 余种,其中最常用的有 600 ~ 1000 种。食品添加剂的世界市场容量约为 200 亿美元。

美国是世界上食品工业最发达的国家,其食品添加剂市场已经超过 50 亿美元,特别是作为营养强化剂的维生素、增香剂、非营养性甜味剂发展较快,食品添加剂的总体增长速度超过食品工业的发展速度。日本食品工业发展也非常发达,目前已经确认使用的食品添加剂有 347 种,其在酸味剂、甜味剂、营养强化剂和乳化剂方面有较大的技术优势。

食品添加剂是一个多学科交叉的行业,产品的产生速度非常快。近年来,食品添加剂行业生产能力和产量逐年增长,整体发展趋势稳步提升。我国食品添加剂行业生产和使用的具体现状如下。

(1)食品添加剂品种不断增多,产量持续上升。全球食品工业发展的同时也刺激了食品添加剂的快速进步,全球食品添加剂的种类、数量和产量持续增加。20 世纪 80 年代,我国食品添加剂大多数产品还需要进口,但目前我国食品添加剂在保持 9% 年增长率的同时,还出口国外创汇,在国际市场上占有举足轻重的地位:我国制造的食品添加剂为全世界食品价格的稳定做出了贡献。例如,味精生产量占世界的 70% 左右,柠檬酸占 60%,木糖醇占 50%,山梨醇占 40%,甜蜜素占 65%,乙基麦芽酚占 80% 左右,分子蒸馏单甘酯占 50%,山梨酸钾占 40% 左右;另外,营养强化剂中的牛磺酸占 65% 左右。我国部分食品添加剂产品质量好,生产成本低,国际竞争力较强。

(2)产业结构、产业布局不断优化。近几年,产业结构通过调整,那些可能对消费者存在潜在风险或其生产过程中会对环境造成污染的、高耗能的食品添加剂产品,已经完全或大部分被其他新型食品添加剂产品取代。

(3)食品添加剂的加工技术和装备水平不断提高。自 1985 年起,我国食品添加剂工业主要从国外引进技术。现在我们已经具有自主研发的能力,在生物技术、微胶囊技术、膜分离技术、吸附分离技术、发酵技术、真空冷冻干燥技术、超临界萃取技术、色谱分析技术、高压食品加工技术、超微粉碎技术、企业设备更新改造、建立检验检测和安全控制系统方面均与外国同行业有了共性突破。

(4)食品添加剂标准和法规不断完善。我国政府已建立了比较完善的食品添加剂管理法规和标准,也建立了科学严格的食品添加剂使用审批制度。我国食品添加剂工业于20世纪60年代开始起步,改革开放以来得到迅速发展。政府从20世纪50年代开始对食品添加剂实行管理;20世纪60年代后加强了对食品添加剂的生产管理和质量监督,根据食品添加剂的特殊情况制定了一系列法规。

和发达国家相比,我国食品添加剂产业仍有较大发展空间,而且与我国国力及我国食品工业在国民经济中的地位相比很不匹配,存在较多的问题,主要表现在以下四个方面。

（1）产品品种少,系列化程度低。世界上常用的食品添加剂有5000余种,而我国仅有2000多种,自己生产的只有千余种;食品工业需求量较大的乳化剂世界允许使用的品种有60多种,年产量3亿千克,美国有58种,年产量1.5亿千克,而我国只有30种,年产量只有2000多万千克,常用的只有甘油脂肪酸酯、蔗糖酯等5个品种;在高倍甜味剂方面,甜度在1000倍以上的品种较少。

（2）企业生产规模偏小,工艺技术较落后,综合成本高。我国的木糖醇生产和出口位居世界第一,但50多家生产厂商年平均生产能力只有3亿~50亿千克,而俄罗斯虽然生产厂家不多,但每个企业的年生产能力为300多万千克。

我国的柠檬酸同样是产量和出口世界第一,只有安徽某集团年产量达1.2亿千克,其余30余家柠檬酸生产厂家均为中小型企业;一些高新技术如超临界萃取技术、膜分离技术、微胶囊技术等在我国只有少数生产厂商采用。

（3）产品技术指标不高、质量不稳定,功能化、绿色化不强。一些香精的纯度较低,缺少典型的香味,香气不足;食品添加剂多为单一功能,集防腐、乳化、增稠、抗氧化等功能为一体的食品添加剂开发缓慢;因缺少生物技术支持,我国的等同天然食品添加剂生产不能满足食品工业需求。

（4）应用技术和改性技术有待发展。我国制剂化和复配化刚起步,并在改性技术和多种食品添加剂配合使用技术方面进行了有益的探索,但还需要根据实际应用的要求大力开发和研究此类相关技术。

因此,我国的食品添加剂工业还需要在生产应用技术水平、产品质量、生产成本、品种及管理等方面向先进国家学习,以促进自身的良性、可持续发展。

2.2　食品中防腐剂的检测技术

食品防腐剂是指用来防止食品腐败变质、延长食品储存期的物质。一般食品工业中使用的大部分防腐剂并不能在较短时间内（5~10min）杀死微生物，主要起抑菌作用。由致病微生物对食品造成污染而引起的消费者食源性疾病，依旧是我国乃至世界当前主要的食品安全问题。所有食品污染因素中，细菌性污染的严重性和危害性为首位。菌落总数超标，则是造成食品不安全的主要原因。控制食品所处的环境条件或加入防腐剂均可以达到食品防腐的目的。

虽然食盐、糖、醋、酒、香辛料等物质早就应用于食品防腐，也能起到抑制微生物的作用，但这些物质在正常情况下对人体无害，或毒性较小，通常被当作调味品对待。目前，我国食品法规中也不将其作为化学防腐剂加以控制。

目前世界各国用于食品防腐的防腐剂种类很多，全世界 60 多种，美国允许使用的约 50 种，日本 40 余种，我国约 30 种。食品防腐剂在我国食品添加剂使用标准（GB 2760—2014）中的功能类别码为 17。在我国最常用的是苯甲酸及其钠盐、山梨酸及其钾盐两类防腐剂，主要用于酸性食品的防腐。

苯甲酸又名安息香酸，为白色、有丝光的鳞片或针状结晶；微溶于水，易溶于三氯甲烷、丙酮、乙醇、乙醚等有机溶剂。

苯甲酸钠易溶于水和乙醇，难溶于有机溶剂，与酸作用生成苯甲酸。苯甲酸及其钠盐主要用于酸性食品的防腐，在 pH 为 2.5 ~ 4.0 时，其抑菌作用较强，当 pH > 5.5 时，抑菌效果明显减弱。但对霉菌和酵母菌效果甚差。苯甲酸进入人体后，大部分与甘氨酸结合形成无害的马尿酸，其余部分与葡萄糖醛酸结合生成苯甲酸葡萄糖醛酸苷从尿中排出，不在人体积累。

山梨酸又名花椒酸，是 2,4- 己二烯酸，化学式为 $C_6H_8O_2$，结构式为

$$CH_3—CH=CH—CH=CH—COOH$$

山梨酸为无色、无臭的针状结晶；难溶于水，易溶于乙醇、乙醚、三氯甲烷等有机溶剂。山梨酸钾易溶于水，难溶于有机溶剂，与酸作用生成山梨酸。山梨酸是一种不饱和脂肪酸，在机体内可参加正常的新陈代谢，最后被氧化为二氧化碳和水。因此，山梨酸是一种比苯甲酸更安全的防腐剂，但价格较苯甲酸贵。

严格按照 GB 2760—2014《食品安全国家标准、食品添加剂使用标准》使用食品防腐剂，能抑制食品的变质，降低各种食品污染的风险。所以，食品防腐剂的安全问题并不在于食品防腐剂本身，而是由防腐剂的过量和非法使用导致的。例如，《广东省食品安全条例》规定本省的餐饮服务环节中不得使用防腐剂，同时在《广东省学校食堂安全管理规定》第三十二条中也明确指出学校食堂不得使用防腐剂。因此，对食品流通领域和餐饮服务行业的管理规定对于食品防腐剂的日常监控具有重要意义。

本节主要阐述高效液相色谱法测定苯甲酸钠和山梨酸的含量。

（1）原理。样品经水提取，高脂肪样品经正己烷脱脂，高蛋白样品经蛋白沉淀剂沉淀蛋白，采用液相色谱分离、紫外检测器检测，外标法定量。

（2）试剂。

①氨水（1+99）。量取 1mL 氨水，加入 99mL 水中，混匀。

②亚铁氰化钾溶液（92g/L）。称取 106g 亚铁氰化钾，加入适量水溶解，用水定容至 1000mL。

③乙酸锌溶液（183g/L）。称取 220g 乙酸锌，溶于少量水中，加入 30mL 冰乙酸，用水定容至 1000mL。

④乙酸铵溶液（20mmol/L）。称取 1.54g 乙酸铵，加入适量水溶解，用水定容至 1000mL，经 0.22μm 滤膜过滤。

⑤苯甲酸、山梨酸标准储备液。准确称取 0.118g 苯甲酸钠或 0.134g 山梨酸钾，用水溶解并分别定容至 100mL。当使用苯甲酸或山梨酸标准品时，需要用甲醇溶解并定容。

⑥苯甲酸、山梨酸标准使用液。取适量苯甲酸、山梨酸标准储备液，用水稀释到每毫升相当于 0μg、1μg、5μg、10μg、20μg、50μg、100μg、200μg 苯甲酸或山梨酸。

（3）仪器。液相色谱仪（带紫外检测器）。

（4）步骤。

①样品提取。一般性试样：准确称取 2g 混合均匀的试样于 50mL 具塞离心管中，加入 25mL 水，摇匀，于 50℃水浴中加热 20 min，冷却至室温后加亚铁氰化钾和乙酸锌溶液各 2mL，混匀，于 8000r/min 离心 5min，将水相转移至 50mL 容量瓶中，于残渣中加入 20mL，涡旋混匀后超声 5min，于 8000r/min 离心 5min，将水相转移到同一 50mL 容量瓶中，用水定容至刻度，混匀。取适量上清液过 0.22μm 滤膜，待液相色谱测定。

含胶基的果冻、糖果等试样：准确称取 2g 混合均匀的试样于 50mL 具塞离心管中，加水 25mL，涡旋混匀，于 70℃水浴加热溶解试样，于 50℃水浴超声 20min，之后操作与一般性试样相同。

油脂、巧克力、奶油、油炸食品等高油脂试样：准确称取 2g 混合均匀的试样于 50mL 具塞离心管中，加正己烷 10mL，于 60℃水浴加热 5min，并不时轻摇以溶解脂肪，加氨水（1+99）25mL、乙醇 1mL，涡旋混匀，于 50℃水浴超声 20min，之后操作与一般性试样相同。

②色谱条件。色谱柱：C_{18} 柱，4.6mm×250mm，5μm；流动相：甲醇 – 乙酸铵溶液（5+95）；流速：1mL/min；检测波长：230nm；进样量：10μL。

③测定。将试样溶液注入液相色谱仪中，得到峰面积，根据标准曲线得到待测液中苯甲酸、山梨酸的质量浓度。

（5）计算。

$$X = \frac{\rho \times V}{m \times 1000}$$

式中，X 为样品中苯甲酸（山梨酸）含量，g/kg；ρ 为从标准曲线上获得的待测液对应的苯甲酸（山梨酸）浓度，mg/L；V 为样品定容后的体积，mL；m 为所取样品质量，g；1000 为换算系数。

（6）说明。

①我国 GB 2760—2014《食品安全国家标准、食品添加剂使用标准》规定：苯甲酸及苯甲酸钠在碳酸饮料、配制酒中的最大使用量为 0.2g/kg；果酱（除罐头）、醋、酱油、果蔬汁饮料（包括发酵型产品等）、风味饮料、半固体复合调味料、风味水、冰棍类、腌制的蔬菜等中最大使用量为 1.0g/kg；果酒等中最大使用量为 0.8g/kg；蜜饯凉果中最大使

用量为 0.5g/kg；浓缩果蔬汁（浆）（仅限食品工业用）中最大使用量为 2.0g/kg（以苯甲酸计）。

② GB 2760—2014《食品安全国家标准、食品添加剂使用标准》规定：山梨酸及山梨酸钾用于熟肉、预制水产品（半成品）时的最大使用限量为 0.075g/kg；加工食用菌和藻类、风味水、冰棍类、腌渍的蔬菜、经表面处理的水果和蔬菜、果冻及饮料类最大使用限量为 0.5g/kg；干酪、软糖、鱼干制品、豆干再制品、糕点、面包、乳酸菌饮料、醋、酱油、复合调味料、果酱、氢化植物油等最大使用限量为 1.0g/kg；浓缩果蔬汁（浆）（仅限食品工业用）最大使用限量为 2.0g/kg。

2.3 食品中抗氧化剂的检测技术

2.3.1 高效液相色谱法检测果酱中的抗坏血酸含量

2.3.1.1 原理

高效液相色谱以液体为流动相，采用高压输液系统，将具有不同极性的单一溶剂或不同比例的混合溶剂、缓冲液等流动相泵入装有固定相的色谱柱，在柱内各成分被分离后，进入检测器进行检测，从而实现对试样的分离和分析。

可采用峰面积归一化法、内标法、外标法等进行定量测定。

本实验中的抗坏血酸用 1g/L 草酸溶液超声提取后，在反相色谱柱上分离定量。以 C_{18} 反相键和色谱柱为固定相，甲醇 –0.05mol/L 醋酸钠溶液为流动相，在 254nm 的波长下根据保留时间和峰面积进行抗坏血酸定性、定量分析。

2.3.1.2 试剂与仪器

（1）材料。市售果酱。
（2）试剂。
①色谱纯甲醇。
②草酸溶液。
③1g/L 草酸。取 100mg 草酸溶入 100mL 的蒸馏水中。

④流动相配制。将0.05mol/L醋酸钠用水系膜进行过滤处理,然后将其和色谱级甲醇进行20min左右的超声脱气。

⑤标准溶液的配制。准确称取100mg抗坏血酸,溶解在100mL容量瓶中并定容,得到1mg/mL的抗坏血酸溶液。稀释50倍配成浓度为20μg/mL的标准液为储备液。然后分别量取2mL、4mL、6mL、8mL、10mL储备液至10mL容量瓶中定容,配制成浓度为2μg/mL、4μg/mL、6μg/mL、8μg/mL、10μg/mL的标准溶液。

(3)仪器。液相色谱仪、匀浆机、超声波清洗器等。

2.3.1.3 步骤

(1)试样溶液的制备。取25g左右果酱加入适量0.1%的草酸溶液,经匀浆机打成匀浆。超声提取15min后,转移至50mL容量瓶中,用0.1%的草酸溶液稀释至刻度,摇匀。将溶液过滤除去滤渣后,再经过0.45μm滤膜,得待测液。

(2)液相色谱条件。

①色谱柱:C_{18}柱(250mm × 4.6mm)。

②检测器:紫外检测器。

③流动相:醋酸钠(0.05mol/L)/甲醇=90/10。

④流速:1.0mL/min。

⑤检测波长:254nm。

⑥柱温:25℃。

⑦进样量:10μL。

(3)标准曲线制作。开机平衡,放上配制好的流动相,打开泵、检测器、电脑电源,打开色谱工作站,设置实验方法、流动相流速、检测器波长,启动泵、平衡色谱柱。到基线基本走平为止。

取10μL不同浓度的标准溶液进行色谱分析,重复进样3次,取标样峰面积平均值:以抗坏血酸标准溶液的质量浓度(μg/mL)为横坐标,抗坏血酸的峰高或峰面积为纵坐标,绘制标准曲线,并计算回归方程。

(4)待测液抗坏血酸含量。在相同条件下,取10μL样品液进行分析,以相应峰面积计算含量。由曲线对应计算出样品组分含量。

2.3.1.4 计算

样品中抗坏血酸含量按下式计算：

$$X = \frac{\rho \times V}{m \times 1000}$$

式中，X 为样品中抗坏血酸含量，mg/g；ρ 为待测液的质量浓度，μg/mL；V 为待测液最后的定容体积，mL；m 为所取样品质量，g；1000 为换算系数。

将数据记录在表 2-1 中。

表 2-1　数据记录

浓度 /（μg/mL）	峰面积
标准样品 1	
标准样品 2	
样品 1	
样品 2	

注意事项：

（1）流动相应选择色谱纯试剂；高纯水或双蒸水、酸碱液及缓冲液需经过滤后再使用。

（2）过滤后的流动相要进行超声脱气。

（3）实验前，需要注意色谱体系是否平衡。

（4）液相色谱进样时，不能将气泡带入，否则会导致压力不稳，重现性差。

（5）样品需要过滤并脱气。

（6）抗坏血酸极易分解，样品提取后应立即分析。

2.3.2 气相色谱 - 质谱技术检测食用油中的抗氧化剂

2.3.2.1 原理

抗氧化剂是一类能延缓食品氧化的添加剂，它能提高食品的稳定性和延长储存期。按其来源可分为天然的和合成的抗氧化剂，其中常用的合成抗氧化剂有丁基羟基茴香醚（BHA）、二丁基羟基甲苯（BHT）、叔丁基对苯二酚（TBHQ）等，它们都属于酚类抗氧化剂。这些抗氧化剂可以单独或混合使用,它们通过与油脂在自动氧化过程中所产生的过氧化物结合,形成氢过氧化物和抗氧化剂自由基,从而阻止氧化过程的进行,达到抗氧化、防酸败、防变色等效果。

目前检测抗氧化剂的方法有气相色谱法、气相色谱 – 质谱联用法(GC-MS)、高效液相色谱法及液相色谱质谱法。其中 GC-MS 技术因其能根据保留时间和特征碎片离子双重定性,有效地避免干扰物的影响,极大地提高检测的灵敏度和准确性,所以在食品分析中的应用也越来越广泛。GC-MS 的色谱系统作为质谱的进样系统对分析样品进行初步分离,经色谱出来的样品通过接口进入质谱系统,质谱系统将分离出的化合物与质谱谱库中的信息进行比对,从而得到样品中化合物的结构信息。在 GC-MS 中可采用离子监测模式(SIM)对样品进行监测的,即通过采集化合物特征离子的方法,将目标化合物与其他化合物区分,排除基质的干扰,并利用离子丰度比进一步提高稳定性、可靠性。

本实验首先通过凝胶渗透色谱(GPC)系统先对提取液进行净化,除去样品中的其他杂质;然后利用 GC-MS 中的 SIM 模式将样品中的抗氧化剂更准确地分离出来,并通过质谱对其进行定性分析;最后采用外标法对食用油中抗氧化剂的含量进行定量。

2.3.2.2 试剂与仪器

(1)材料。市售 3 种食用油:大豆油、花生油、葵花籽油。

(2)试剂。

①乙酸乙酯和环己烷混合溶液(1∶1):取 50mL 乙酸乙酯和 50mL 环己烷混匀。

②标准品:BHA、TBHQ、BHT、2,6- 二叔丁基 -4- 羟甲基苯酚(Ionox-100)。以上试剂纯度均 ≥ 98%。

③乙腈:色谱纯。

④标准物质储备液:分别称取 0.1g(精确至 0.1mg)BHA、BHT、TBHQ、Ionox-100 固体样品于烧杯中,用乙腈溶解。转移至 100mL 棕色容量瓶中,定容至刻度。配制成质量浓度为 1000mg/L 的标准储备液。

⑤混合标准使用液:分别移取 50mL 的质量浓度为 1000mg/L 的 BHA、BHT、TBHQ、Ionox-100 的标准储备液,将其混匀,制成质量浓度为 250mg/L 抗氧化剂标准混合液。

（3）仪器。气相色谱－质谱联用仪，凝胶渗透色谱仪，旋转蒸发仪，分析天平，孔径 0.22μm 的有机系滤膜、烧杯、玻璃棒、容量瓶等。

2.3.2.3 实验方法

（1）食用油样品处理。称取混合均匀后的大豆油样品 10g（精确至 0.0lg）置于 100mL 容量瓶中，以乙酸乙酯和环己烷混合溶液定容，作为样品的母液；取 5mL 母液于 10mL 容量瓶中以乙酸乙酯和环己烷混合溶液定容。然后取 10mL 上述待测液加入 GPC 进样管中净化，收集流出液。将流出液在 40℃下旋转蒸发至干，然后加入 2mL 乙腈将其溶解，经 0.22μm 有机系滤膜过滤。净化后的试样供 GC–MS 测定，同时做空白试验（其余两种食用油样品同样按照上述步骤进行净化处理）。

（2）GPC 净化条件。柱子规格为 300mm×20mm；填料为 BioBeads（S–X3），40 ~ 75μm；流动相为环己烷－乙酸乙酯（1∶1）；流速为 5mL/min；进样量为 2mL；流出液收集时间为 7 ~ 17.5min；紫外检测器波长为 280nm。

（3）气相色谱－质谱仪条件。

①色谱柱：DB–17MS（30m×0.25mm×0.25μm）或等效色谱柱。

②载气：氦气。

③流速：1mL/min。

④进样量：1μL；无分流进样。

⑤进样口温度：230℃。

⑥电子能量：70eV；离子源温度：230℃；接口温度：280℃；溶剂延迟：8min。

⑦色谱柱升温程序：70℃保持 1min，然后以 10℃/min 升温至 10℃保持 4min，再以 106℃/min 升温至 280℃保持 4min。每种化合物分别选择 1 个定量离子，2 ~ 3 个定性离子。每组所有需要检测离子按照出峰顺序，分时段分别检测。每种抗氧化剂的定量离子、定性离子核质比见表 2–2 所示。

表 2-2　食品中抗氧化剂的定量离子、定性离子

抗氧化剂名称	定量离子	定性离子 1	定性离子 2
BHA	165（100）	137（76）	180（50）
BHT	205（100）	145（13）	220（25）
TBHQ	151（100）	123（100）	166（47）
Ionox-100	221（100）	131（8）	236（23）

（4）标准曲线的绘制。分别移取 0.4mL、0.8mL、2mL、4mL、8mL、20mL、40mL、80mL 的 250mg/L 抗氧化剂标准混合液于 100mL 棕色容量瓶中，用乙腈稀释至刻度，制成质量浓度分别为 1mg/L、2mg/L、5mg/L、10mg/L、20mg/L、50mg/L、100mg/L、200mg/L 的标准混合使用液。将标准混合使用液进行气相色谱 - 质谱联用仪测定，以定量离子峰面积对应标准溶液浓度绘制标准曲线。

（5）样品中各类抗氧化剂的定性。在相同试验条件下进行样品测定时，如果检出的色谱峰的保留时间与标准样品相一致，并且在扣除背景后的样品质谱图中，所选择的离子均出现，而且所选择的离子丰度比与标准样品相一致，则可判断样品中存在这种抗氧化剂。

（6）样品测定。将试样溶液注入气相色谱 - 质谱联用仪中，得到相应色谱峰响应值。根据标准曲线得到待测样品中抗氧化剂的浓度。

2.3.2.4 计算

试样中抗氧化剂含量按下式计算：

$$X_i = \rho_i \times \frac{V}{m}$$

式中，X_i 为试样中抗氧化剂含量，mg/kg；ρ_i 为从标准曲线上得到的抗氧化剂溶液浓度，μg/mL；V 为样液最终定容体积，mL；m 为称取的试样质量，g。

结果保留三位有效数字（或保留到小数点后两位）。

根据实验结果分析，将结果填入表 2-3 中。

表 2-3   食用油中抗氧化剂的检测结果   单位：mg/kg

食用油种类	BHA	BHT	TBHQ	Ionox-100
大豆油 平均值				
花生油 平均值				
葵花籽油 平均值				

2.4 食品中着色剂的检测技术

在生活中，食品的色彩给人以味道的联想，一种食品，尤其是一种新型食品，在色彩上能否吸引人，给人以美味感，在一定程度上决定了该产品的销路和评价。

为了保持或改善食品的色泽，在食品加工中往往需要对食品进行人工着色。着色剂是赋予食品色泽和改善食品色泽的物质，又称食用色素。

食用色素依来源可分为天然色素及合成色素两大类。天然色素是从一些动、植物组织中提取的色素，它安全性高，但着色能力差，对光、热、酸、碱等条件敏感，稳定性差，难以调出任意的色泽，且价格昂贵，逐渐被合成色素代替。食用合成色素也称食用合成染料，其优势在于稳定性好、色泽鲜艳、附着力强、能调出任意色泽，加之成本低廉，使用方便，因而得到广泛应用。但合成色素很多是以煤焦油为原料制成的，故常被人们称为煤焦油色素或苯胺色素。由于在合成过程中可能被砷、铅以及其他有害物污染，其使用范围及用量多有限制。

另外，着色剂还可以按溶解性分为油溶性着色剂（β-胡萝卜素、辣椒红、姜黄）和水溶性着色剂（苋菜红、胭脂红、赤藓红、柠檬黄）；按结构分为合成色素（偶氮类色素、非偶氮类色素、色淀、聚合色素等）和天然色素（吡咯类、多烯类、酮类、醌类、多酚类等）。

本节主要阐述高效液相色谱法测定果蔬汁饮料中的人工合成着色剂的含量。

2.4.1 原理

目前对食品中合成着色剂的检测方法主要有紫外分光光度法、高效液相色谱法（HPLC）、薄层色谱法、示波极谱法、毛细管电泳法和试剂盒法等，其中，HPLC 的应用更广泛。对于基质复杂的食品，HPLC 可以有效地分离食品中的各种成分。本实验采用 HPLC 对果蔬汁中常见的人工合成着色剂进行测定。采用外标峰面积法定量，判断果蔬汁中着色剂的添加量是否符合标准。

2.4.2 试剂与仪器

（1）材料。市售果蔬汁饮料。

（2）试剂。

① 5% 三辛胺 – 正丁醇溶液：取 5mL 三辛胺，加正丁醇至 100mL，混匀。

②着色剂标准品：5 种色素标准溶液分别是柠檬黄（1mg/mL）、日落黄（1mg/mL）、胭脂红（1mg/mL）、苋菜红（1mg/mL）、诱惑红（1mg/mL）。

③ 50μg/mL 着色剂标准使用液：临用时将上述溶液加水稀释 20 倍，经 0.45μm 滤膜过滤，配成每毫升相当于 50.0μg 的合成着色剂。

④ 0.02mol/L 乙酸铵溶液：称取 1.54g 乙酸铵，加水至 1000mL，溶解，经 0.45μm 微孔滤膜过滤。

⑤柠檬酸溶液：取 20g 柠檬酸，加水至 100mL，溶解混匀。

⑥ pH 为 6 的水溶液：水加柠檬酸溶液调 pH 至 6。

⑦ pH 为 4 的水溶液：水加柠檬酸溶液调 pH 至 4。

⑧氨水溶液：量取氨水 2mL，加水至 100mL，混匀。

⑨甲醇 – 甲酸溶液（6∶4，体积比）：取甲醇 60mL，甲酸 40mL，混匀。

⑩无水乙醇 – 氨水 – 水溶液（7∶2∶1，体积比）：量取 70mL 无水乙醇、20mL 氨水溶液、10ml 水，混匀。

⑪饱和硫酸钠溶液。

⑫色谱级甲醇。

（3）仪器。高效液相色谱仪，涡旋混匀器，超声波清洗器，恒温水浴锅，G3 垂熔漏斗等。

2.4.3 步骤

（1）色谱条件。

①色谱柱：C_{18} 柱，5μm 不锈钢柱，4.6mm（内径）× 250mm。

②流动相：甲醇 – 乙酸铵溶液（0.02mol/L）。

③梯度洗脱：0 ~ 3min，甲醇 3% ~ 35%；3 ~ 7min，甲醇 35% ~ 100%；7 ~ 10min，甲醇 100%；10 ~ 21min，甲醇 5%。

④流速：1.0mL/min。

⑤波长：紫外 254nm。

⑥柱温：35℃。

⑦进样体积：10μL。

⑧检测器：二极管阵列检测器，检测波长范围为 400 ~ 800nm，或紫外检测器，检测波长为 254nm。

（2）样品前处理。称取 20~40mL 混合均匀后的果汁样品，放入 100mL 烧杯中。若样品含二氧化碳应先用超声脱除其中的气体；若是果粒饮料则先要匀浆，使样品均质化。然后采用聚酰胺吸附法或液 – 液分配法，提取样品中的着色剂。

①聚酰胺吸附法：聚酰胺吸附法提取色素的流程如图 2-1 所示。

②液 – 液分配法(适用于含赤藓红的样品)：液 – 液分配法提取色素的流程如图 2-2 所示。

（3）标准曲线绘制。分别吸取 0.1mL、0.2mL、0.4mL、1.0mL、2.0mL 的浓度为 50μg/mL 着色剂标准液分置于 10mL 容量瓶中，加水定容，配制成浓度依次为 0.5μg/mL、1.0μg/mL、2.0μg/mL、5.0μg/mL、10.0μg/mL 浓度梯度标准溶液。分取 10μL（n=3）进样，以其色谱峰面积为纵坐标，浓度为横坐标，分别做出 5 种合成着色剂的标准曲线。

（4）样品测定。取相同体积样液和合成着色剂标准使用液，分别注入高效液相色谱仪中，根据保留时间定性，外标峰面积法定量。

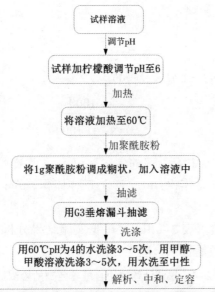

```
        ┌─────────────┐
        │  试样溶液    │
        └─────────────┘
              │ 调节pH
        ┌──────────────────────────┐
        │ 试样加柠檬酸调节pH至6     │
        └──────────────────────────┘
              │ 加热
        ┌──────────────────────────┐
        │ 将溶液加热至60℃          │
        └──────────────────────────┘
              │ 加聚酰胺粉
        ┌──────────────────────────────────┐
        │ 将1g聚酰胺粉调成糊状,加入溶液中  │
        └──────────────────────────────────┘
              │ 抽滤
        ┌──────────────────────┐
        │ 用G3垂熔漏斗抽滤      │
        └──────────────────────┘
              │ 洗涤
        ┌────────────────────────────────────┐
        │ 用60℃pH为4的水洗涤3～5次,用甲醇-  │
        │ 甲酸溶液洗涤3～5次,用水洗至中性    │
        └────────────────────────────────────┘
              │ 解析、中和、定容
        ┌──────────────────────────────────────┐
        │ 用乙醇、氨水与水的混合液解析3～5次,每次5mL；收集 │
        │ 解析液用乙酸中和,蒸发至近干,加水溶解,定容至5mL │
        └──────────────────────────────────────┘
              │ 进入高效液相色谱仪
        ┌──────────────────────────────────┐
        │ 经0.45μm滤膜过滤,取10μL进入高效液 │
        │ 相色谱仪分析                      │
        └──────────────────────────────────┘
```

图 2-1 聚酰胺吸附法提取色素的流程

```
        ┌─────────────┐
        │  试样溶液    │
        └─────────────┘
              │ 提取
        ┌────────────────────────────────────────┐
        │ 将制备好的试样溶液加入分液漏斗中,加2mL盐酸, │
        │ 5%三辛胺-正丁醇溶液10～20m,L震荡提取有机相   │
        └────────────────────────────────────────┘
              │ 洗涤
        ┌──────────────────────────┐
        │ 用饱和硫酸钠溶液洗两次,   │
        │ 每次10mL,分取有机相      │
        └──────────────────────────┘
              │ 浓缩、提取、洗涤
        ┌──────────────────────────────────────┐
        │ 水浴加热浓缩至10mL,转移至分液漏斗中,   │
        │ 加60mL正己烷混匀,加氨水提取2～3次,每   │
        │ 次5mL,提取氨水溶液层,用正己烷洗涤两次  │
        └──────────────────────────────────────┘
              │ 中和
        ┌──────────────────────────┐
        │ 氨水层加乙酸调至中性      │
        └──────────────────────────┘
              │ 蒸发、定容、过滤
        ┌──────────────────────────┐
        │ 水浴加热至近干,加水定容   │
        │ 至5mL,经滤膜0.45μm过滤    │
        └──────────────────────────┘
              │ 进入高相液相色谱仪
        ┌──────────────────────────────────┐
        │ 取10μL进入高相液相色谱仪进行检测 │
        └──────────────────────────────────┘
```

图 2-2 液-液分配法提取色素的流程

2.4.4 计算

试样中着色剂含量按下式计算：

$$X = \frac{A \times 1000}{m \times \dfrac{V_2}{V_1} \times 1000}$$

式中，X 为试样中着色剂的含量，g/kg；A 为样品中着色剂的质量，μg；V_1 为试样稀释总体积，mL；V_2 为进样体积，mL；m 为试样质量，g；1000 为换算系数。

将实验结果填入表 2-4 中，并根据实验结果分析果蔬汁饮料中添加的合成着色剂含量是否符合国家标准。

表 2-4　果蔬汁饮料中合成着色剂的检测结果

着色剂种类	柠檬黄	日落黄	胭脂红	诱惑红	苋菜红
含量 /（g/kg）					
平均值					

注意事项：

（1）赤藓红在酸性条件下不稳定，使用聚酰胺吸附法回收率极低，故在提取含赤藓红的样品时，应使用液 – 液分配法。

（2）进高效液相色谱前的试样应保证澄清透明。

（3）高效液相色谱仪开始使用时应放空排气，工作结束后应用流动相冲洗柱子。

（4）操作时应保证液相仪的清洁卫生和试剂的质量，对流动相进行过滤和脱气。

2.5　食品中甜味剂的检测技术

甜味剂是指赋予食品甜味的物质。甜味剂是使用较多的食品添加剂，一般分为营养型甜味剂和非营养型甜味剂。热值相当于蔗糖热值的

2%以上的甜味剂为营养型甜味剂；而低于2%的甜味剂为非营养型甜味剂。根据来源和生产方法又常将甜味剂分为天然甜味剂(如木糖醇、山梨糖醇、甜菊糖苷、索马甜)和化学合成甜味剂(如糖精钠、三氯蔗糖、甜蜜素、阿斯巴甜)。

食品甜味剂在食品中的作用包括三方面。

(1)调节和增强风味。糖酸比是饮料的重要风味指标,酸味、甜味相互作用,既可使产品获得新的风味,又可保留新鲜的味道。

(2)掩盖不良风味。甜味和许多食品的风味是互补的,许多产品的风味是由风味物质和甜味剂相结合产生的,所以许多食品和饮料中都会加入甜味剂。

(3)满足人们的嗜好,改进食品适口性和其他工艺特性。

甜味的强度称为甜度(sweetness),是评价甜味剂的重要指标。目前,甜度还只能凭人的味觉来判断,难以用化学或物理方法进行定量测定。在测定甜味剂的甜度时,一般选择蔗糖为基准,因为蔗糖是一种非还原性糖,其水溶液比较稳定,其他甜味剂的甜度是与蔗糖比较后的相对甜度。甜度的大小受甜味物质的浓度、粒度、温度、介质、甜味剂相互之间的作用等因素的影响。

在饮料生产中,糖酸比是衡量饮料风味的一个重要指标。糖酸比也称甜酸比,是指产品中甜度与酸度之比,甜度是指食品中的全部甜味料的总甜度(按蔗糖计),酸度是指全部酸味料的总酸度。饮料的主要呈味物质是糖和酸,因此,糖和酸的配比十分重要。不同的甜味料和酸味料又可以产生不同的甜酸味,为了调配成适合的口味,还应该根据不同的产品选用不同的甜味料和酸味料。这在水果型饮料中尤为明显,不同的果蔬汁饮料其使用酸的种类和酸的添加量会有所不同,以更好地体现水果或蔬菜本身的风味。例如,苹果汁可适量添加一些苹果酸,而葡萄汁中添加一些酒石酸风味会更好一些,酸的添加量一般在0.1% ~ 0.2%,同时可添加适量柠檬酸钠使酸味更为柔和、甜美。总体而言,果蔬汁的糖酸比一般控制在(40 ~ 50):1比较适宜。

2.5.1 糖精钠的测定

2.5.1.1 糖精钠简介

糖精是应用较为广泛的人工甜味剂,其学名为邻磺酰苯甲酰亚胺,为无色到白色结晶或白色晶状粉末,在水中溶解度很低,易溶于乙醇、乙醚、三氯甲烷、碳酸钠水溶液及稀氨水中。对热不够稳定,无论是在酸性还是碱性条件下,其水溶液长时间加热,都会逐渐分解而失去甜味。因糖精难溶于水,故食品生产中常用其钠盐,即糖精钠。糖精钠为无色结晶,易溶于水,不溶于乙醚、三氯甲烷等有机溶剂。

糖精钠被摄入人体后不分解,不吸收,随尿排出,不供给热能,无营养价值。其致癌作用由于一直都有争议,尚无确切结论,但考虑到人体的安全性,联合国粮农组织和世界卫生组织食品添加剂联合专家委员会把其 ADI 值定为 0 ~ 2.5mg/kg。我国规定,糖精钠可用于冷冻饮品、腌渍的蔬菜、复合调味料、配制酒等,其最大使用量为 0.15g/kg(以下均以糖精计);用于熟制豆类、新型豆制品(大豆蛋白及其膨化食品、大豆素肉等)、脱壳熟制坚果与籽类、蜜饯凉果中的最大使用量为 1.0g/kg;用于果酱最大使用量为 0.2g/kg;用于带壳熟制坚果与籽类的最大使用量为 1.2g/kg;用于芒果干、无花果干、凉果类、话梅类、果糕类的最大使用量为 5.0g/kg。但由于糖精对人体无营养价值,也不是食品的天然成分,故应尽量少用或不用。我国规定婴幼儿食品、病人食品和大量食用的主食都不得使用糖精钠。

2.5.1.2 糖精钠的测定

糖精钠的测定方法很多,有高效液相色谱法、气相色谱法、薄层色谱法、离子选择电极法、紫外分光光度法和酚磺酞比色法等,在最新版国标中,糖精钠的测定方法已与苯甲酸、山梨酸的测定方法合并,详细测定方法见 2.2 节。

2.5.2 甜蜜素的测定

2.5.2.1 甜蜜素简介

甜蜜素是食品生产中常用的另一种甜味添加剂,其学名为环己基氨基磺酸钠。甜蜜素为白色针状、片状结晶或结晶状粉末。它无臭,味甜,甜度为蔗糖的 40 ~ 50 倍,为无营养甜味剂。甜蜜素在 10% 水溶液中呈中性(pH=6.5),对热、光、空气稳定。加热后略有苦味。分解温度约 280℃,不发生焦糖化反应。酸性环境下略有分解,碱性时稳定。溶于水和丙二醇,几乎不溶于乙醇、乙醚、苯和三氯甲烷。其浓度大于 0.4%

时带苦味,溶于亚硝酸盐、亚硫酸盐含量高的水中,产生石油或橡胶样的气味。具有非吸湿性,不支持霉菌或其他细菌生长。

我国规定,甜蜜素可用于冷冻饮品、水果罐头、腐乳类、饼干、复合调味料、饮料类、调制酒、果冻等,其最大使用量为 0.65g/kg;用于蜜饯凉果、果酱、腌渍的蔬菜、熟制豆类等的最大使用量为 1.0g/kg;用于陈皮、话梅、杨梅干等的最大使用量为 8.0g/kg。膨化食品、小油炸食品在生产中不得使用甜蜜素。

2.5.2.2 气相色谱法检测环己基氨基磺酸钠(甜蜜素)的含量

(1)原理。食品中的环己基氨基磺酸钠用水提取,在硫酸介质中其与亚硝酸反应,生成环己醇亚硝酸酯,利用气相色谱氢火焰离子化检测器进行分离及分析,保留时间定性,外标法定量。

(2)试剂。

①石油醚:沸程为 30℃ ~ 60℃。

②硫酸溶液(200g/L):量取 54mL 浓硫酸,小心缓缓加入 400mL 水中,加水至 500mL。

③亚铁氰化钾溶液(150g/L):称取折合 15g 亚铁氰化钾,溶于水稀释至 100mL。

④硫酸锌溶液(300g/L):称取折合 30g 硫酸锌,溶于水稀释至 100mL。

⑤环己基氨基磺酸钠标准储备液(5.00mg/mL):精确称取 0.5612g 环己基氨基磺酸钠标准品,用水溶解并定容至 100mL。

⑥环己基氨基磺酸钠标准使用液(1.00mg/mL):准确移取 20.0mL 环己基氨基磺酸标准储备液,用水稀释并定容至 100mL。

(3)仪器。气相色谱仪,配氢火焰离子化检测器(FID)。

(4)步骤。

①试样制备。具体操作如下。

a.液体样品处理:普通液体试样摇匀后称取 25.0g 试样(如需要可过滤),用水定容至 50mL;含二氧化碳的试样置于 60℃水浴加热 30min 以除去二氧化碳,放冷后定容;含酒精的试样用 40g/L 氢氧化钠溶液调至弱碱性(pH 为 7 ~ 8),60℃水浴加热 30min 除去酒精后定容。

b.固体、半固体试样处理:低脂、低蛋白样品打碎混匀后称取 3.00 ~ 5.00g 于 50mL 离心管中,加 30mL 水,振摇,超声提取 20min,

混匀后 3000r/min 离心 10min，过滤，用水分 3 次洗涤残渣，收集滤液并定容至 50mL。高蛋白样品超声提取后加入 2mL 亚铁氰化钾溶液及 2mL 硫酸锌溶液沉淀蛋白后离心过滤，收集滤液并定容；高脂样品打碎混匀后称取 3.00 ~ 5.00g 于 50mL 离心管中，加入 25mL 石油醚，振摇，超声提取 3min，混匀后 1000r/min 以上离心 10min，弃石油醚，再用 25mL 石油醚提取一次，60℃水浴挥发除去石油醚，残渣加 30mL 水，混匀，超声提取 20min，加入 2mL 亚铁氰化钾溶液及 2mL 硫酸锌溶液，混匀后 3000r/min 离心 10min，过滤，用水分 3 次洗涤残渣，收集滤液并定容至 50mL。

c. 衍生化：准确移取处理好的试样溶液 10mL 于 50mL 带盖离心管中，冰浴 5min，加入 5mL 正庚烷、2.5mL 亚硝酸钠溶液(50g/L)、2.5mL 硫酸溶液(200g/L)，盖紧离心管盖，摇匀，在冰浴中放置 30min，其间振摇 3 ~ 5 次。加入 2.5g 氯化钠固体，盖上盖后置涡旋混合器上振动 1min，低温离心(3000r/min)10min 分层或低温静置 20min 至澄清分层。

②标准系列溶液的制备及衍生化。准确移取 1.00mg/mL 环己基氨基磺酸钠标准溶液 0.00mL、1.00mL、2.50mL、5.00mL、10.0mL、25.0mL 于 50mL 容量瓶中，加水定容，配成的标准系列溶液浓度为 0.01mg/mL、0.02mg/mL、0.05mg/mL、0.10mg/mL、0.20mg/mL、0.00mg/mL，现用现配。准确移取标准系列溶液 10.0mL，按样品衍生化步骤衍生化。

③色谱条件。主要包括以下内容。

a. 色谱柱：弱极性石英毛细管柱(内涂 5% 苯基甲基聚硅氧烷，30m × 0.53mm × 1.0μm)。

b. 气流速度：载气为氮气，流量为 12.0mL/min，尾吹 20mL/min；氢气 30mL/min；空气 330mL/min（载气、氢气、空气流量大小可根据仪器条件进行调整）。

c. 柱温：初温 55℃保持 3min；10℃/min 升温至 90℃，保持 0.5min；20℃/min 升温至 200℃，保持 3min。进样口 230℃；检测器 260℃。

④测定。分别吸取 1μL 经衍生化处理的标准系列各浓度溶液上清液，注入气相色谱仪中，测得不同浓度被测物的响应峰面积，以浓度为横坐标，环己醇亚硝酸酯和环己醇两峰面积之和为纵坐标，绘制标准曲线。

在完全相同的条件下进样 1μL 经衍生化处理的试样待测液上清液，以保留时间定性，测得峰面积，根据标准曲线得到样液中的组分浓度。

（5）计算。

$$X_1 = \frac{C}{m} \times V$$

式中，X_1 为试样中环己基氨基磺酸钠的含量，g/kg；C 为由标准曲线计算出定容样液中环己基氨基磺酸钠的浓度，mg/mL；m 为试样质量，g；V 为试样的最后定容体积，mL。

第 3 章

食品中药物残留的检测

　　农药、兽药残留是一个世界范围的广泛性问题,并且会危害人类的身体健康。分析检测食品中的药物残留,有助于加强食品的卫生监督管理,促进食品安全,保障人民的健康。

3.1   食品中农药残留的检测技术

　　随着农业产业化的发展,农产品的生产越来越依赖于农药。我国现有常用的农药有 200 多种,如有机磷、氨基甲酸酯、拟除虫菊酯、有机氯化合物等。目前,我国还存在农药使用不规范、不合理的现象,导致食品中的农药残留量超标,有较大的食品安全隐患,所以对食品中农药残留的监测非常有必要。

　　食品农药残留常用的检测方法有液相色谱法、气相色谱法、液相色谱 – 质谱联用法、气相色谱 – 质谱联用法、试纸快筛法。农药中大部分是挥发性物质,所以多用气相色谱法和气相色谱 – 质谱联用法检测,而市场、超市等现场则常用试纸条进行农药残留的快速筛查。

3.1.1 农药的种类及用途

　　"农药"一词包含了范围很广的一类化合物,这些化合物属于不同的种类。联合国粮食及农业组织(FAO)将农药定义为,用于预防、消灭、控制任何害虫的一种或者几种物质的混合物。尽管植物生长调节剂、脱叶剂、干燥剂不是作为控制害虫而开发的混合物,通常情况下也不像农药那样有效,但是这些混合物也被 FAO 定义为农药。

　　农药包括各种各样的化学物质,它们在农业生产中得到了广泛应用,因为部分昆虫、线虫、真菌等生物和微生物会危害农作物和经济作物,会给农业生产带来巨大的经济损失。第二次世界大战以后,农药的大规模使用有力地促进了农业的发展,现在有多达 800 种活性物质被写进了农药产品目录。

　　我国是农业大国,农业经济在我国国民经济中占据重要的地位,同时农作物也是大量农村居民的重要经济来源。虽然农药在增加农产品产量、确保食物供给稳定、做好农产品的病虫害防治等方面发挥着不可替代的作用,但也存在一定的副作用。农药施用后,残存在生物体、农副产品和环境中的微量农药原体,有毒代谢产物、降解物和杂质统称为农药残留。农药可残留在食品的表面和内部,表面残留比较容易清除,而内部残留相对较难清除。

摄入残留农药或长时间反复暴露于残留农药的环境会让人、畜产生急性或慢性中毒,损害其神经系统和肝肾等实质性脏器。不合理使用农药,还可能导致药害事故频发。农药残留还会影响到进出口贸易。世界各国特别是发达国家以农药残留限量作为技术壁垒,限制农副产品进口,以保护本国的农业生产。

根据使用目的,可以将农药分为杀虫剂、杀菌剂、除草剂和植物生长调节剂等几类。

3.1.1.1 杀虫剂

杀虫剂类农药主要用于防治农业害虫和城市卫生害虫,使用历史长远、用量大、品种多,如表 3-1 所示。

表 3-1　杀虫剂的分类

类型	品种
无机和矿物杀虫剂	砷酸铅、砷酸钙、氟硅酸钠和矿油乳剂等
植物性杀虫剂	印楝素和苦皮藤
有机合成杀虫剂	有机氯类的滴滴涕(DDT)、氯丹、毒杀芬等;有机磷类的对硫磷、敌百虫、乐果等;氨基甲酸酯类的西维因、混灭威、灭多威等;拟除虫菊酯类的氰戊菊酯、氯氰菊酯、溴氰菊酯等;有机氮类的杀虫脒、杀虫双等
昆虫激素类杀虫剂	多种保幼激素、性外激素类似物等

（1）有机氯农药。有机氯农药是组成成分中含有有机氯元素的用于防治植物病、虫害的有机化合物。有机氯农药在食物链中生物富集作用很强,有些具有雄激素样活性。有机氯农药多属于低毒和中毒农药,稳定难降解,半衰期大于 10 年,在生物体内消失缓慢。经土壤微生物作用后的产物,也一样存在着残留毒性,如 DDT 经还原生成滴滴滴(DDD),经脱氯化氢后生成滴滴伊(DDE)。

有机氯农药可通过胃肠道、呼吸道和皮肤吸收,可通过胎盘、乳汁进入胎儿和婴儿体内。其脂溶性强,能够蓄积于脂肪和含脂量高的组织器官,并且不容易排出体外。

世界各国对有机氯农药在食品中的残留控制甚严。我国从 20 世纪 60 年代开始,禁止在蔬菜、茶叶、烟草等作物上施洒 DDT 和六六六。

有机氯农药在动物性食品中的残留多于植物性食品。在动物性食品中,残留量在肉、鱼类中最多,其次是蛋乳类食物。而在植物性食品中,多残留于植物油中,其次为粮食、蔬菜、水果。

为预防有机氯中毒,建议在食物加工、烹饪过程中去皮去壳、充分加热。

(2)有机磷农药。有机磷农药,是指含磷元素的有机化合物农药,主要用于防治植物病、虫、草害,多为油状液体,有大蒜味,挥发性强,微溶于水,遇碱破坏,有敌百虫、敌敌畏、乐果和马拉硫磷等 10 余种。

有机磷农药有许多优点:用药量少,杀虫效率高,选择性强,使用经济,且作用方式多(兼具触杀、胃毒、熏蒸三种作用方式,对植物组织有局部浸透作用,部分品种具有内吸杀虫作用)。有机磷农药在自然界中降解快,残留时间短,同时在生物体内易受酶作用水解,残毒在体内不积蓄,烹饪加工后农药残留量减少。然而,有机磷农药急性毒性强,对温血动物的毒性高,主要抑制胆碱酯酶活性,表现为神经异常兴奋,肌肉强烈痉挛,可因呼吸或循环衰竭而死亡。有关有机磷农药在作物及土壤中的残留分别见表 3-2 和表 3-3。

表 3-2　几种有机磷农药在作物上的残留

作物	有机磷农药	施药方法	测定部位	残留量 /（mg/kg）
水稻	杀螟松	100 倍,收割前 42 天	稻谷	0.06
茶叶	乐果	800 倍喷洒	成茶	当天:17.79;第 17 天:0.05
烟草	乐果	40% 乳剂 500 倍;37.5~75g/m²	鲜烟叶烘烤后	1 小时后:36.0;第 1 天:8.0;第 9 天:未检出

表 3-3　有机磷农药在土壤中的持留时间

有机磷农药	乐果	马拉硫磷	对硫磷	甲拌磷	乙拌磷
持留时间 / 天	4	7	7	15	30

3.1.1.2 杀菌剂

杀菌剂又称杀生剂、杀菌灭藻剂、杀微生物剂等,通常是指能有效地控制或杀死水系统中的微生物——细菌、真菌和藻类的化学制剂,其分类见表 3-4。

表 3-4　杀菌剂的分类

类型	品种
无机杀菌剂	硫黄粉、硫酸铜、石灰波尔多液、氢氧化铜等
有机硫杀菌剂	代森铵、敌锈钠、福美锌、代森锌、代森锰锌等
有机磷、砷杀菌剂	稻瘟净、克瘟散、乙磷铝、甲基立枯磷等
取代苯类杀菌剂	甲基托布津、百菌清、敌克松、五氯硝基苯等
唑类杀菌剂	粉锈宁、多菌灵、恶霉灵、苯菌灵、噻菌灵等
抗生素类杀菌剂	井冈霉素、多抗霉素、春雷霉素、农用链霉素等
复配杀菌剂	灭病威、双效灵、炭疽福美、杀毒矾 M8 等

（1）有机汞类。有机汞农药对高等动物有毒性，在土壤中的残留期长（半衰期可达 10～30 年），是造成环境污染和食品污染的主要农药。常用有机汞农药有西力生（氯化乙基汞）、赛力散（醋酸苯汞）、富民隆（磺胺汞）和谷仁乐生（磷酸乙基汞）。有机汞农药进入土壤后逐渐分解为无机汞，残留在土壤中，也能被土壤微生物作用转化为甲基汞再被植物吸收，重新污染农作物而进入动物体内，引起急性中毒。有机汞还可在人体内蓄积，形成慢性中毒。

（2）苯并咪唑类。多菌灵、托布津、甲基托布津和麦穗宁均属此类杀菌剂。多菌灵杀菌剂在蔬菜和水果中广泛使用。在蔬菜中一般用量少，使用次数少，半衰期短，故一般不存在残留问题。在水果中使用多菌灵，除了生产加工中杀菌外，还作防腐剂在水果储存中使用。

3.1.1.3 除草剂

随着农业现代化的快速发展，除农药外，除草剂的品种也越来越多。虽然多数除草剂对人畜毒性低，在植物上用量少，目前也尚未发现除草剂在动物组织和生物体内有明显蓄积现象，但也的确发现一些品种存在毒性，如 2,4,5-T 存在杂质四氯二苯二噁英，可致畸致癌，在环境中可稳定存在，美国和俄罗斯已禁止使用；又如除草醚对试验动物有"三致"作用，多数国家已禁止生产使用，我国在 2001 年底也停止产销。除草剂分类见表 3-5。

表 3-5　除草剂的分类

类型	特点	品种
无机化合物除草剂	由天然矿物原料组成,不含有碳素的化合物	氯酸钾、硫酸铜等
有机化合物除草剂	主要由苯、醇、脂肪酸、有机胺等有机化合物合成	果尔、扑草净、除草剂一号、二甲四氯、氟乐灵、草甘膦、五氯酚钠等

3.1.1.4 植物生长调节剂

植物生长调节剂是指用于调节植物生长发育的一类农药,包括人工合成的具有天然植物激素相似作用的化合物和从生物中提取的天然植物激素,其分类见表 3-6。

表 3-6　植物生长调节剂的分类

作用类型	品种
延长储藏器官休眠	胺鲜酯(DA-6)、氯吡脲、复硝酚钠、青鲜素、萘乙酸钠盐、萘乙酸甲酯
打破休眠促进萌发	赤霉素、激动素、氯吡脲、复硝酚钠、硫脲、氯乙醇、过氧化氢
促进茎叶生长	赤霉素、6-苄基腺嘌呤、油菜素内酯
促进生根	吲哚丁酸、萘乙酸、2,4-二氯苯氧乙酸(2,4-D)、乙烯利
疏花疏果	萘乙酸、乙烯利、赤霉素、6-苄基腺嘌呤

3.1.1.5 其他类型农药

除以上几种类型之外,还有以下几种农药类型,如表 3-7 所示。

表 3-7　其他类型农药的分类

类型	品种	特点
氨基甲酸酯类农药(杀虫剂)	西维因、仲丁威、速灭威等	分解快、残留期短、低毒、高效、选择性强
拟除虫菊酯类农药(杀虫剂)	灭百可、敌杀死、速灭杀丁等	优点:高效、广谱、低毒、易降解、在作物中残留期短(通常为7~30天),降解后易转变成极性化合物,对环境污染很轻 缺点:短时间内产生高耐药性;多数品种只有触杀作用而无内吸作用;价格较高

类型	品种	特点
吡唑醚菌酯类农药	百泰、凯泽、凯特等	明显增强烟草、葡萄、番茄、马铃薯等作物对病毒性、细菌性病害的防御抵抗能力

3.1.2 农药污染食品的途径

农药在生产和使用过程中,可经呼吸道及皮肤侵入机体。非职业接触农药的人群主要通过食品污染进入人体。农药对食品的污染途径概括为以下几方面。

3.1.2.1 对作物的直接污染

农田施药后,作物上附着了农药。农药对作物的污染程度取决于农药品种、浓度、剂量、施药方式和次数以及土壤和气象条件等。各种农药在作物不同部位和不同时期内的残留形式和残留量有所不同。

施用农药后对食用农产品的直接污染是食品原料及食品中农药残留的主要来源,其中果蔬类农产品中残留农药的污染最严重。造成直接污染的原因有以下几个。

(1)农药喷施后,一部分黏附于农作物表面后分解,另一部分被作物吸收累积于作物中。

(2)大剂量滥用农药,造成食用农产品中农药残留。

(3)农产品从最后一次施用农药到收获上市之间的最短时间称为农药安全间隔期。在此期间,多数农药会逐渐分解而使农药残留量达到安全标准,不再对人体健康造成威胁。间隔期越短,残留量越高。

(4)为了保证粮食的周年供应,用农药对粮食进行熏蒸后保存,也会造成农药残留甚至超标;马铃薯、洋葱、大蒜等使用农药抑制发芽也会造成农药残留,甚至超标。

3.1.2.2 来自环境的污染

在农田喷洒农药,大部分农药散落在土壤中,又被作物吸收。不同种类作物从土壤中吸收农药的能力不同。部分进入大气中的农药,降落于江河湖海和附近作物上。环境中农药进入人体的途径如图3-1所示。

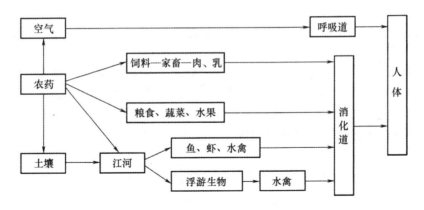

图 3-1　环境中农药进入人体的途径

3.1.2.3 生物富集和食物链

污染环境的农药经食物链传递时,可能会发生生物富集而造成农药残留浓度增高,如从水中农药到浮游生物再到水产动物,水产动物可能成为高浓度农药残留的食品。藻类对农药的富集系数可达 500 倍,鱼贝类可达 2000～3000 倍,而食鱼的水鸟对农药的富集系数在 10 万倍以上。

3.1.2.4 储存、运输中的污染

在储存、运输过程中,为了粮食防虫和蔬菜、水果保鲜,会使用杀虫剂、杀菌剂。它们在食品上的残留和消失与自身的性质、用药方法及气温和通风条件等因素有关。

3.1.2.5 事故性污染

如厩舍和牲畜卫生用药,错用、乱放农药等事故性污染。动物不论误食、误用农药或被喂给施用过农药的农副产品而不注意残毒期,都可能引起中毒。

3.1.3 气相色谱法

3.1.3.1 原理

气相色谱法是利用气体作流动相的色谱分析方法,包括载气系统、进样系统、分离系统(色谱柱、柱温箱)、检测系统(检测器)和数据记录

系统。检测器有很多种,农药残留分析常用检测器有火焰光度检测器 (FPD)、氮磷检测器(NPD)、电子捕获检测器(ECD)、质谱检测器或者 质谱分析仪(MS)等,由于质谱检测器还能给出被测组分的可能化学结 构式,比其他检测器给出的信息更多,所以被单独列为了一种方法—— 气相色谱–质谱联用法。

在仪器允许的汽化条件下,凡是能够汽化且稳定、不具腐蚀性的液 体或气体,都可用气相色谱法分析。有的化合物沸点过高难以汽化或因 热不稳定而分解,则可通过化学衍生化的方法,使其转变成易汽化或热 稳定的物质后再进行分析。

气相色谱法测定食品中农药残量的原理是: 在样品经固相萃取、凝 胶色谱分离或者磺化等复杂的前处理后,将样品溶液同时注入两个进样 口,经两个不同极性的气相色谱柱分离,然后由电子捕获检测器(ECD) 或火焰光度检测器(FPD)检测,通过双柱保留时间定性,外标法定量。

3.1.3.2 步骤

气相色谱法测定食品中的农药残留可分为样品前处理和上机测定 两个阶段。由于农药本身种类多,食品基质复杂,目标物含量低,降低基 质的影响即样品的前处理对食品中农药残留的测定意义重大。

(1)样品的前处理。农药残留样品前处理大致分为试样制备、提取、 净化和浓缩四个部分。

①试样制备。

仪器: 高速匀浆机或者粉碎机。

取样品的可食用部分,粉碎、混匀制成待测样,于 –20℃ 至 –16℃ 保 存,备用。

②提取。

仪器: 精密天平(精度 0.001g)、高速匀浆机、50mL 移液管或者精 密分液器、100mL 的具塞量筒。

试剂: 乙腈(分析纯)或者丙酮(分析纯)、氯化钠(分析纯)、无水硫 酸钠(分析纯)。

根据样品情况,准确称取适量样品,加入 20 ~ 50mL 乙腈或丙酮, 在匀浆机中高速匀浆后过滤,收集 40 ~ 50mL 滤液到装有氯化钠的具 塞量筒中,盖上盖子,剧烈振荡 1min 左右,在室温下静置 30min 以上,使 乙腈和水分层,取乙腈层,加入无水硫酸钠,振荡,静置,取上清液,备用。

③净化。

基质去除关键步骤是净化,现有的净化方法有磺化法、冷冻沉淀法、超临界萃取法、固相萃取法、凝胶色谱法等,常用的方法是固相萃取法和凝胶色谱分离法。

固相萃取法:该法是利用分析目的物与基质在键合硅胶吸附剂与溶剂中的分配不同而达到分离目的。按照固定相是否预装可以分为常规固相萃取和分散固相萃取。

【常规固相萃取】

下面以最常用的水果中有机氯农药残留测定的前处理为例讲解常规固相萃取法。

仪器:固相萃取仪、氮吹仪、漏斗、滤纸。

试剂:Bond Elut C$_{18}$(1g)柱或相当者、Bond Elut Carbon/NH$_2$(500mg/500mg)柱或相当者、乙腈(分析纯)、甲苯(分析纯)、丙酮(分析纯)、正己烷(分析纯)。

第一步,C$_{18}$ SPE净化。

a. 活化:Bond Elut C$_{18}$(1g)柱,用 10mL 的乙腈淋洗,进行活化。

b. 上样:加入 20mL 上清液,收集流出溶液。

c. 洗脱:用 2mL 乙腈洗脱,接收洗脱液,合并所有流出溶液。

d. 脱水:将收集的溶液过装有无水硫酸钠的漏斗,并用适量乙腈淋洗漏斗,收集全部滤液。

e. 浓缩:低于 40℃温度条件下,氮吹浓缩近干,用 2mL 的乙腈/甲苯(3∶1)重新溶解,待进一步净化。

第二步,Carbon/NH$_2$ SPE净化。

a. 活化:Bond Elut Carbon/NH$_2$(500mg/500mg)柱,用 10mL 乙腈/甲苯(3∶1)淋洗,进行活化。

b. 上样:将上步中 2mL 经过初步净化的样品液,加入 Carbon/NH$_2$ SPE 柱中。

c. 洗脱:用 20mL 的乙腈/甲苯(3∶1)淋洗 SPE 柱,收集所有上样流出液和洗脱液。

d. 浓缩:低于 40℃下,氮吹浓缩近干,再加入 5mL 丙酮重新溶解后并浓缩近干,用丙酮/正己烷(1∶1)溶解,定容至 1mL,待测。

【分散固相萃取】

分散固相萃取的原理是将基质吸附在吸附剂（或称固定相）上，除去吸附剂即可。

常用的吸附剂有 PSA（丙基乙二胺）、C_{18}（十八烷基键合硅胶，或称 ODS）、CCB（石墨化炭黑）等。实际工作中可根据不同的基质组合固定相，将固定相加入样品提取液中，充分振荡吸附后，离心或过滤，取清液即可。该操作灵活、简便。下面以大米谷物类食品中有机氯类农药残留测定的前处理为例。

仪器：涡旋混合仪、高速离心机、15mL 的离心管。

试剂：PSA。

步骤：取 5mL 提取液于离心管中，加入 PSA 0.1g，涡旋混合 1min，高速离心 2min，取上清液待测。

常规固相萃取可以使用一种萃取柱，也可以使用两种甚至多种，实验结果的稳定性与萃取柱分装质量有直接关系，通常需要固相萃取仪，对操作者能力要求较高。分散固相萃取不需如此，操作相对简单，对于色素、蛋白质、脂肪含量高的复杂样品，其基质去除率不及常规法。

凝胶色谱法：该法主要根据物质分子量的差别进行分离净化，适用于小分子量农药的提取。大多数农药回收率较高，净化容量大，容易实现自动化，洗脱剂可以循环使用。

常用的填料有聚丙烯酰胺凝胶、交联葡聚糖凝胶、琼脂糖凝胶等，填料选择的依据是目标物和基质的分离效果及填料在洗脱剂中的稳定性。常用洗脱剂为有机溶剂，如正己烷、石油醚、四氢呋喃、乙酸乙酯等，其具体用量可根据凝胶色谱仪的检测器选择。以黄瓜中的有机磷残留测定的前处理为例。

仪器：带紫外检测器的凝胶色谱仪。

试剂：环己烷（分析纯）、乙酸乙酯（分析纯）、净化柱（Bio-Breads S–X3 填料，规格 200mm × 25mm）。

流动相：环己烷 / 乙酸乙酯 =1∶1（体积比），洗脱流速 30mL/min，根据检测器指示收集 10 ~ 15min 的洗脱液，即流出体积 30 ~ 45mL 的洗脱液。

④浓缩。样品浓缩常用方法有氮吹法、减压蒸馏法、直接蒸馏法等。

a. 氮吹法：在一定温度下，用氮气将样品中的溶剂吹干，实现溶剂溶质分离。主要设备为氮吹仪。

b. 减压蒸馏法：利用真空泵降低溶液沸点，使之在较低温度下沸腾，实现溶剂溶质分离。主要设备是减压蒸馏装置。

c. 直接蒸馏法：在常压下使溶液沸腾，实现溶剂溶质分离。

浓缩好的样品溶液定容后直接上机测定。

（2）上机测定。FPD、NPD 主要用于检测有机磷类农药，而 ECD 主要用于检测有机氯类和拟除虫菊酯类农药。

①有机磷类农药检测参考条件。

a. 仪器条件设置。选择带 FPD 检测器和双柱进样系统的气相色谱仪，具体条件如下：

色谱柱：A 柱为 50% 聚苯基甲基硅氧烷（DB-17 或 HP-50）30m × 0.53mm × 1μm 或相当者；B 柱为 100% 聚苯基甲基硅氧烷（DB-1 或 HP-1）30m × 0.53mm × 1μm 或相当者。

温度：进样口为 250℃，检测器为 250℃。

柱温：150℃保持 2min，8℃ /min 升至 250℃，保持 12min，若组分分离效果不好，可将柱温上升速率降低。如果峰太宽可以提高升温速率或者适当提高载气流速；如果有气化温度更高的物质，可将终温提高，但不可高于 320℃。

气体及流量：载气为氮气，纯度 ≥ 99.99%，流速 10mL/min；燃气为氢气，纯度 ≥ 99.99%，流速 75mL/min；助燃气为空气，流速 100mL/min。

进样方式：不分流进样。样品一式两份，通过双自动进样器同时进样。

进样量：1μL。

b. 定性分析。双柱测得样品溶液中未知组分的保留时间（RT）与标准溶液中某一农药在同一色谱柱上的保留时间（RT）偏差不超过 0.5min 的，可认定未知组分为该农药。

c. 定量分析。

$$\omega = \frac{V_1 \times A \times V_3}{V_2 \times A_s \times m} \times \rho$$

式中，ρ 为标准溶液中农药的质量浓度，mg/L；A 为样品溶液中被测农药的峰面积；A_s 为标准溶液中被测农药的峰面积；V_1 为提取样品的总体积，mL；V_2 为用于测定的提取样品体积，mL；V_3 为样品溶液定容体积，mL；m 为试样质量，g。十种有机磷农药的色谱图如图 3-2 所示。

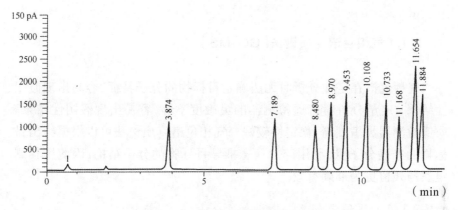

图 3-2　十种有机磷农药的色谱

1. 速灭磷(3.874min); 2. 甲拌磷(7.189min); 3. 二嗪磷(8.480min);

4. 稻瘟净(8.970min); 5. 甲基对硫磷(9.453min);

6. 杀螟硫磷(10.108min); 7. 水胺硫磷(10.733min);

8. 溴硫磷(11.168min); 9. 稻丰散(11.654min);

10. 杀扑磷(11.884min)

②有机氯类和拟除虫菊酯类农药的测定。

a. 仪器条件设置。选择带 ECD 检测器及双柱进样系统的气相色谱仪。具体条件如下。

色谱柱：A 柱为 50% 聚苯基甲基硅氧烷(DB-17 或 HP-50)30m × 0.53mm × 1μm 或相当者；B 柱为 100% 聚苯基甲基硅氧烷(DB-1 或 HP-1)30m × 0.53mm × 1μm 或相当者。

温度：进样口为 200℃,检测器为 320℃。

柱温：150℃保持 2min,6℃/min 升至 270℃,保持 8min(氟氰菊酯保持 23min);微调方法见有机磷类农药的测定部分。

气体及流量：载气为氮气,纯度 ≥ 99.99%,流速 10mL/min;辅助气为氮气,纯度 ≥ 99.999%,流速 60mL/min。

进样方式：分流进样,分流比 10 : 1。样品一式两份,通过双自动进样器同时进样。

进样量：1μL。

b. 定性分析和定量分析。见有机磷农药测定部分。

3.1.4 气相色谱－质谱法(GC–MS)

气相色谱在定性分析时无法确定目标物的分子特征,容易出现假阳性结果;定量分析时普通检测器的灵敏度不够,容易出现假阴性结果。质谱检测器灵敏度高、稳定性较好。气相色谱－质谱法可以根据给出目标物的准确分子量,利用碎片信息推导目标物的分子结构,因此用其测定农药残留更为准确有效。

3.1.4.1 原理

样品经前处理后(同气相色谱法),将样品溶液注入进样口,经特定的气相色谱－质谱柱分离,然后由质谱检测器(MS)检测,通过保留时间、分子结构信息定性,外标法或内标法定量。所检物质必须是能够电离的,现在商品化的电离方式有电化学电离(CI)和带电粒子轰击电离(EI),农药残留中常用的是EI。

3.1.4.2 步骤

流程和样品前处理方法与气相色谱法相同,只有上机测定不同。

(1)样品前处理。见气相色谱法。

(2)上机测定。

①仪器条件设置。GC–MS法中气相色谱仪的进样口温度、柱温箱温度与气相色谱法一样,不同之处有四点:GC–MS法中使用的是单柱,而气相法中是双柱;GC–MS的载气是高纯氦(≥ 99.99%),而气相法多用氮气;色谱柱需要使用超低流失的毛细管柱,内径不超过0.32mm,而气相法没有特别要求;GC–MS法需要设置质谱检测条件,载气辅助加热温度、离子源温度、离子源电离电压等。下面以食品中有机磷农药为例设置仪器测试条件。

色谱柱:30m × 0.25mm(内径),膜 0.25m,DB–5 MS 石英毛细管柱,或相当者。

温度设置:色谱柱温度50℃保持2min,30℃/min升至180℃,保持10min,在以30℃/min升至270℃,保持10min;进样口温度为280℃;色谱－质谱接口温度为270℃。

载气:氦气,纯度 ≥ 99.999%,流速 1.2mL/min。

进样量：1μL。

进样方式：无分流进样，1.5min 后开阀。

检测器设置：电离方式为 EI；电离能量为 70eV；测定方式为离子监测方式；每种农药的具体选择离子需参考具体的标准；溶剂延迟5min；离子源温度为 150℃；四级杆温度为 200℃。

②定性分析。定性分析即气相色谱 – 质谱测定与确证，根据样液中被测物含量情况，选定浓度相近的标准工作溶液，对标准工作溶液与样液等体积参插进样测定，标准工作溶液和待测样液中每种有机磷农药的响应值均应在仪器检测的线性范围内。

③定量分析。

a. 外标法。见气相色谱法。

b. 内标法。具体公式如下：

$$X = C_s \times \frac{A}{A_s} \times \frac{C_i}{C_{si}} \times \frac{A_{si}}{A_i} \times \frac{V}{m} \times \frac{1000}{1000}$$

式中，X 为试样中被测物残留量，mg/kg；C_s 为基质标准工作溶液中被测物的浓度，μg/mL；A 为试样溶液中被测物的色谱峰面积；A_s 为基质标准工作溶液中被测物的色谱峰面积；C_i 为试样溶液中内标物的浓度，μg/mL；C_{si} 为基质标准工作溶液中内标物的浓度，μg/mL；A_{si} 为基质标准工作溶液中内标物的色谱峰面积；A_i 为试样溶液中内标物的色谱峰面积；V 为样液最终定容体积，mL；m 为试样溶液所代表试样的质量，g；1000 为换算系数。

3.1.5 快速检测法

现行的快速检测方法有两种：一种是基于农药及其抗体的特异性反应建立的酶联免疫法，一种试纸条只能筛查一种农药，对于食品安全的把关意义不大；另一种是基于酶抑制的检测方法，这种方法能检测有机磷和氨基甲酸酯类农药的总和，能够发挥食品安全的把关作用。

3.1.5.1 原理

胆碱酯酶能催化分解靛酚乙酯（红色）为靛蓝和乙酸（蓝色），但有机磷和氨基甲酸酯类能抑制胆碱酯酶，使靛酚乙酯的分解过程发生改变,由此可以判断是否有高剂量的有机磷或者氨基甲酸酯类农药。多采用分光光度法和试纸法。由于前处理方法的限制,这两种方法都主要用于蔬菜类样品。

3.1.5.2 步骤

（1）分光光度法。

①试剂。pH=8 的磷酸盐缓冲溶液、丁酰胆碱酯酶、碘化硫代丁酰胆碱（底物）、二硫代二硝基苯甲酸（显色剂、用缓冲液溶解）。

②仪器。分光光度计或波长为 410nm+3nm 的专用检测仪、电子天平（精度 0.1g）、微型混合仪、可调移液器、不锈钢取样器、恒温培养箱、配套的其他玻璃器皿。

③操作。用不锈钢取样器取 2g 切碎的样本（非叶菜类取 4g），放入提取瓶内,加入 20mL 缓冲液,振荡 1 ~ 2min,倒出提取液,静置 3 ~ 5min；于小试管内分别加入 50μL 酶,3mL 样本提取液,50μL 显色剂,于 37℃ ~ 38℃ 下静置 30min,加入 50μL 底物,倒入比色杯中,上机测定。同步进行空白试验。

④计算。

$$抑制率(\%) = \frac{\Delta A_c - \Delta A_s}{\Delta A_c} \times 100$$

式中,ΔA_c 为对照组 3min 后与 3min 前吸光值之差；ΔA_s 为样本 3min 后与 3min 前吸光值之差。

抑制率 ≥ 70% 时,蔬菜中含有某种有机磷或氨基甲酸酯类农药残留。此时样本要有 2 次以上重复检测,几次重复检测的重现性应在 80% 以上。

（2）试纸法。

①试剂。固化有胆碱酯酶和靛酚乙酯试剂的试纸、pH=7.5 的磷酸盐缓冲溶液。

②仪器。常量分析天平、微型恒温培养箱（有条件时配备）。

③操作。根据检测部位是样品整体还是表面,分为整体法和表面法。

a. 整体法。选取有代表性的样品,擦去泥土,剪成 1cm² 左右的碎片,取 5g 放入带盖瓶中,加入 10mL 缓冲液,振摇 50 次,静置,取上清液；取一片速测卡,用白色药片蘸取提取液,室温下放置 10min（有条件的在 37℃恒温箱中放置 10min），进行预反应，整个过程药片保持湿润；对折速测卡，将白色药片和红色药片放入其中，用手捏 3min（或者在恒温箱中放置 3min），使红色药片和白色药片反应。同时进行空白试验。

b. 表面法。擦去样品表面泥土，在一个表面滴 3~5 滴缓冲液，用另外一个样品的表面摩擦，将样品的汁液滴在白色药片上；将白色药片在室温下放置 10min（有条件的可在 37℃恒温箱中放置 10min），进行预反应，整个过程药片保持湿润；对折速测卡，将白色药片和红色药片放入其中，用手捏 3min（或者在恒温箱中放置 3min），使红色药片和白色药片反应。同时进行空白试验。

④结果判定。若白色药片变为白色或浅蓝色，样品为阳性；若白色药片变为天蓝色或与空白试验色泽相同，样品为阴性。

由于农药的大量和不合理使用，农药残留问题越来越引起人们的重视，建立常规农药项目多残留系统检测方法已成为非常重要的贸易保护手段。为此，以国家质检总局原首席研究员庞国芳院士为代表的国内食品安全检测技术方法研究团队，先后起草了一系列多农药残留检测方法，包括《食品安全国家标准、水果和蔬菜中 500 种农药及相关化学品残留量的测定气相色谱 – 质谱法》（GB 23200.8—2016）和《食品安全国家标准粮谷中 475 种农药及相关化学品残留量的测定气相色谱 – 质谱法》（GB 23200.9—2016）。此外还有《水果和蔬菜中 405 种农药及相关化学品残留量的测定液相色谱 – 串联质谱法》（GB/T 20769—2008）、《粮谷中 486 种农药及相关化学品残留量的测定液相色谱 – 串联质谱法》（GB/T 20770—2008），以及《食品安全国家标准茶叶中 448 种农药及相关化学品残留量的测定液相色谱 – 质谱法》（GB 23200.13—2016）等。这些标准构筑了我国新的农产品食品安全屏障，对破解国外技术壁垒，提升我国农产品检测技术的国际地位，提高我国农产品质量，扩大出口，具有深远的影响，并产生了显著的社会经济效益。

3.2 食品中兽药残留的检测技术

随着人们生活水平的日益提高,肉、蛋、奶等动物性食品因营养丰富、味道鲜美,消费量不断增加。我国是世界上最大的畜禽生产和产品消费大国。从过去动物性食品凭票供应,到如今百姓餐桌上食品的丰富多样,我国畜牧业经历了从家庭副业成长为农业经济支柱产业的发展历程。如同植物性食品的生产要使用农药和植物保护剂一样,肉、蛋、奶等动物性食品的生产中常使用一些化学物质以保障质量和增加产量。几十年的实践证明,兽药的研发及其合理应用对解决动物性食品供应做出了巨大贡献。如果没有兽药为畜牧业发展保驾护航,就不可能有畜牧业的健康发展。

俗话说"是药三分毒",兽药一方面能防治疾病,促进动物康复;另一方面也可能产生这样或那样的不良反应。因此,在使用兽药时如果不注意合理使用,就可能在肉、蛋、奶等动物性食品中残留,当残留达到或超过一定水平时就会对人体健康和生命安全造成危害,同时还可能对环境造成污染。早在 20 世纪 70 年代前后,兽药残留问题就引起了发达国家的高度关注。近十几年来,国际上对兽药残留问题日益重视,禁用或限用的兽药越来越多,残留标准不断提高,发达国家甚至将其作为食品与农产品进出口贸易中新的技术壁垒进行控制,因此,兽药残留已经成为关系我国食品出口贸易和国内动物性食品安全的重大问题。

3.2.1 基本概念

3.2.1.1 兽药残留

兽药残留是指对猪、牛、鸡等食品动物使用兽药后,由于种种原因,药物来不及消除,兽药本身或它的代谢物在肉、蛋、奶等动物可食性产品中的蓄积、沉积或储存的情况;在广义上,偶尔接触环境中的化合物的污染,也称为残留。因此,兽药残留在食品中是无用的,也是人们不希望出现的,也就是说兽药残留是不希望出现的现象,是需要我们想方设法去控制,以保障大家安全地食用肉、蛋、奶等动物性食品。

兽药残留既包括原药,也包括药物在动物体内的代谢产物和兽药生产中所伴生的杂质。

食品生产行业中动物源性药物的使用标准规范已经实施了数十年。农业养殖中动物的高密度聚集很有可能增加疾病暴发的概率。因此,为了减少动物群中疫情的蔓延,预防疫情和治疗已感染的动物都需要用药。此外,为了促进生长效率和提高饲料转化率,处于亚治疗状态的食品动物经常需要给药。因此,可食部位药物残留及可能导致的潜在人类健康问题是食品安全行业关心的问题。

3.2.1.2 休药期

休药期又称停药期,是指食品动物最后一次用药到许可屠宰或它们的产品(乳、蛋)许可上市的间隔时间。为了人们的健康,国家制定了食品动物用药休药期,规定处于休药期内的动物不能屠宰上市,所产的奶和蛋也不能销售。应该指出的是,兽药的休药期不是为了维护畜禽等动物的健康,而是为了减少或避免动物源食品中兽药残留超标。由于确定一个药品的休药期的工作很复杂,所以到目前为止还有一些药品没有规定休药期。有些兽药不需要指定休药期。遵守休药期是避免兽药残留超标,确保动物性食品安全的关键之一。

3.2.1.3 安全系数

兽药和化学物质对人体的毒性是通过对实验动物的毒性实验结果进行推断确定的,由于人和动物对兽药的敏感性存在较大差异(对同一药物,动物种间毒性可相差 10 倍,同种动物的个体间毒性也可相差 10 倍),为了保证人的安全,确定无作用剂量(从实验动物推算到人),一般要缩小至 1/100,这种缩小值即 100 就是安全系数。对于具有三致毒性或发育毒性的兽药或其他化学物,安全系数为 1000。

3.2.1.4 每日允许摄入量(ADI)

每日允许摄入量是指人每天从食物或饮水中摄取某种物质而对其健康没有明显危害的量,以人体重为基础计算,单位为 $\mu g/(kg$ 体重·天)。每日允许摄入量相当于一个"安全水平",是通过大量科学研究得到的一个剂量。当前的 ADI 足以保护消费者健康,消费者平均每天吃该食品不超过这个量,就不会对健康产生危害。

3.2.1.5 最大残留限量(MRL)

在食品中发现的残留量必须对消费者是安全的,并且必须将其尽可能控制到最低水平。作为兽药残留研究中的重要指标,最大残留限量是指食品动物用药后产生的允许存在于食物表面或内部的残留兽药或其他化合物的最高含量或最高浓度(以鲜重计,表示为 mg/kg, μg/kg)。

3.2.2 食品中常见的兽药残留

(1)抗生素类。抗生素类兽药一般用于预防和治疗动物临床疾病。常见种类有氯霉素、四环素、土霉素、金霉素等。抗微生物药残留存在许多潜在的问题。

①毒性、致敏性与超过敏反应。抗生素和磺胺类造成牛乳和食品的污染可引起人体的过敏反应。乙酰化磺胺在尿中溶解降低析出结晶,可引起肾脏的毒副作用。

②增加革兰阴性杆菌的致病性。畜禽饲料长期使用抗生素,可使某些细菌突变为耐药菌株,给人畜的某些感染性疾病的预防和治疗带来困难。

③改变肠道菌群的微生态。肠道菌群的健康与否关系到人体内环境的平衡问题,此外,也与人类的某些疾病相关。因此,肠道菌群的改变可能导致人体生理功能紊乱。

(2)磺胺类。磺胺类药物的抗菌谱极广,能抑制大多数革兰阳性菌和一些革兰阴性菌,并对少数真菌、原虫、病毒有抑制作用,常见的种类有磺胺嘧啶、乙酰磺胺。该类药物主要是抑制细菌的繁殖和生长,但长期使用易产生耐药菌株。

磺胺类药物可分为两类:一类是肠道易吸收的制剂,如磺胺嘧啶(SD)、磺胺甲基嘧啶(SM)、磺胺甲基异噁唑(SMZ)、磺胺异噁唑(SIM);另一类是肠道不易吸收的制剂如磺胺脒。肠道易吸收的制剂可用于治疗全身感染;肠道不易吸收的制剂在血中浓度低,在肠内可保持较高浓度。

(3)激素类。激素类兽药促进动物生长、提高饲料转化率,常见种类包括固醇或类固醇类、多肽或多肽衍生物等。大众普遍熟知的"瘦肉精",其学名为盐酸克仑特罗,我国规定禁用于饲料中。

（4）抗寄生虫类。抗寄生虫类主要用于驱除动物体内的寄生虫、促进动物生长,常见种类为苯并咪唑类。抗寄生虫类兽药能够持久残留于肝中,对动物有致畸性和致突变性。

3.2.3 残留的危害

兽药种类繁多,各种兽药的作用和毒性不尽相同,有的兽药安全有效,有的兽药有效但不太安全。

（1）引起毒性反应。若一次性摄入残留物的量过大,会出现急性中毒反应。长期摄入含兽药残留的动物性食品后药物不断在人体内蓄积,当浓度达到一定量后就对人体产生毒性作用。例如,链霉素对听觉神经有明显的毒性作用,严重时能造成耳聋;磺胺类药物可引起肾损伤。

（2）过敏反应。青霉素类药物具有很强的变应原性,且被广泛地应用于人和动物,因此这类药物引发过敏反应的潜在危险最大。人对磺胺药产生过敏反应的形式不同,皮肤和黏膜上可出现磺胺药的过敏性损伤,一般真皮损伤的发生率为 1.5% ~ 2.0%。在用磺胺药治疗后可观察到类似血清病样的症状,有磺胺药过敏史者可出现各种过敏样反应。四环素引起的变态反应比青霉素少得多,四环素最常见的不良反应是皮肤损伤和光敏性皮炎。

（3）耐药性。兽药残留在动物性食品中的浓度很低,但人类的病原菌在长期接触这些低浓度药物后,容易产生耐药性菌株,使得人类疾病的治疗效果受到极大影响。食品动物中使用抗生素所引发的主要问题之一,就是抗药性问题。给予动物亚治疗水平的抗生素可能会使菌群对这些药物产生免疫,从而使其免受抗生素的危害。人类在制备和消费食品的过程中,很可能暴露接触这些抗药性菌群。事实证明,这些药物的使用能够导致抗药性细菌的滋生且最终导致肉类产品的污染。有证据显示这也可能使人类对这些药物的抗药性增强,尽管这还处于争议之中。这些抗药菌很多是非病原性的且摄取这些抗药菌并不会导致人类感染。而病原性抗药菌的出现则是更为严重的问题,如沙门菌属和弯曲菌属。

（4）激素样作用。不合理的非法用药常常导致动物性食品中残留激素类药物。激素样作用主要表现为潜在致癌性、发育毒性及女性男性化或男性女性化。现已查明,某些消费者出现的肌肉震颤、心跳加快、摆头、心慌等神经、内分泌紊乱症状,就与 γ-受体兴奋剂克仑特罗残留超标有关。另外,几乎所有的磺胺药都能干扰甲状腺合成甲状腺素。

3.2.4　药动学与残留的关系

外源物质在动物体内呈不均匀分布。有些化合物在某些组织中分布量多,在另一些组织中分布量少,甚至不出现残留液。这是由不同组织的特定性质所决定的。血液在外源化合物分布中占有中心地位。物质在血液中的浓度取决于吸收的过程。物质在血液中的浓度与在血液充沛器官中的浓度相同。血-脑屏障保护神经系统不与外来物接触。肺、脾、肌肉和结缔组织中外来物的量一般与循环血液中的量相一致。肝脏受两方面的污染而在较长时间保持较高浓度。

无论急性或单次用药,还是连续反复用药,外源物质都会以较高浓度在肝内蓄积。与肝相似,肾小管上皮细胞对原尿中的外源物质有重吸收作用,使一些脂溶性物质在肾脏内暂时停留或蓄积。脂肪组织也是一个重要的蓄积部位。所有脂溶性的、代谢缓慢的物质,都会在脂肪组织中储存。这些物质在储存期间无活性,但可因正常的脂肪代谢而释放出来,在机体的其他部位产生活性。脂溶性物质虽不能从肾脏排泄,但可随胆汁进入小肠前部,随后在小肠的中部和后部被吸收。

3.2.5　四环素族兽药残留检测

土霉素、四环素、金霉素因其广谱的抗菌效果和便宜的价格,成为近年来常用的兽用抗生素。四环素族兽药抗菌谱最广,对大多数革兰阳性菌和阴性菌都很敏感,是临床上广泛使用的药物。给动物饲喂抗生素有可能促使细菌对这些药物产生耐药性,而人们在制作或消费食品时就可能接触到这些耐药性细菌,从而成为耐药菌疾病的宿主,这会给临床治疗带来不可估量的麻烦。这些药物在畜禽体内残留,并随肉、蛋、奶等食品进入人体,危害人类健康。

我国食品卫生检验方法国家标准《畜、禽肉中土霉素、四环素、金霉素残留量的测定(高效液相色谱法)》(GB/T 5009.116—2003),采用的是高效液相色谱法检测畜、禽肉中土霉素、四环素、金霉素残留量。下面予以简单介绍。

3.2.5.1 原理

试样经提取、微孔滤膜过滤后直接进样，用反相色谱分离，紫外检测器检测，与标准系列比较定量，出峰顺序为土霉素、四环素、金霉素。

3.2.5.2 步骤

（1）样品处理。称取 5.00g（±0.01g）切碎的肉样（< 5mm），置于 50mL 三角烧瓶中，加入 5% 高氯酸 25.0mL，振荡提取 10min，2000r/min 离心 3min，取上清液经 0.45pm 滤膜过滤，取 10mL 溶液进样，记录峰高，并从工作曲线上查得含量。

（2）色谱条件。

色谱柱：$ODS-C_{18}$（5μm），6.2mm × 15cm。

检测器：紫外检测器，波长为 355nm。

流动相：乙腈 –0.01mol/L 磷酸二氢钠溶液（用 30% 硝酸调 pH 为 2.5），体积比为 35：6，使用前超声脱气 10min。

流速：1.0mL/min。

柱温：室温。

（3）说明。本方法中土霉素、四环素、金霉素的检测限分别为 0.3ng、0.4ng、1.3ng，取样量为 5g 时，检出浓度分别为 0.15mg/kg、0.20mg/kg、0.65mg/kg。

3.2.6 磺胺类兽药残留检测

磺胺类药物（sulfonamides，SAs）是一类用于预防和治疗细菌感染性疾病的化学治疗药物。对磺胺类药物敏感的细菌，在体内外均能获得耐药性，而且对一种磺胺类药产生耐药性后，对其他磺胺类药也往往产生交叉耐药性，但耐磺胺类药物的细菌对其他抗菌药物仍然敏感。

关于畜禽肉中磺胺类药物残留的测定，有条件的单位基本采用《畜、禽肉中十六种磺胺类药物残留量的测定 液相色谱 – 串联质谱法》（GB/T 20759—2006）标准，其规定了牛肉、羊肉、猪肉、鸡肉和兔肉中十六种磺胺类药物残留量液相色谱 – 串联质谱测定方法。

液相色谱－串联质谱法测定畜、禽肉中磺胺类药物残留的原理是，将畜、禽肉中的磺胺类药物用乙腈提取，用旋转蒸发仪浓缩，并用正己烷脱脂，用配有电喷雾离子源的液相色谱－串联质谱仪进行检测，外标法定量。

3.2.7 食品中其他兽药残留的检测方法

近年来，相关兽药残留检测技术也在不断发展，出现了一系列以液相色谱－串联质谱技术为检测手段的多兽药残留检测方法，如《动物源性食品中硝基呋喃类药物代谢物残留量检测方法　高效液相色谱串联质谱法》（GB/T 21311—2007）、《动物源性食品中青霉素族抗生素残留量检测方法　液相色谱－质谱／质谱法》（GB/T 21315—2007）、《动物源性食品中磺胺类药物残留量的测定　液相色谱－质谱／质谱法》（GB/T 21316—2007）、《动物源性食品中四环素类兽药残留量检测方法　液相色谱－质谱／质谱法与高效液相色谱法》（GB/T 21317—2007）、《动物源食品中激素多残留检测方法　液相色谱－质谱／质谱法》（GB/T 21981—2008）和《动物源性食品中多种β受体激动剂残留量的测定液相色谱串联质谱法》（GB/T 22286—2008）等。

第 4 章

食品中有害元素检测技术

工业废气、废渣、废水("三废")被排放到自然环境中,进入水体、土壤和大气后,有害元素会被植物吸收并残留在植物中,聚集在动物的体内,通过食物链与生物富集,最终通过食物和水源影响人类的健康。其中,有些重金属元素会对人体产生严重危害,如汞、砷、铅和镉,因此,对食品进行有害元素的检测是十分必要的。

4.1　食品中汞的检测技术

食品中的汞主要来自污染,水体中的汞可通过食物链在鱼体内蓄积而进入人体。食品中的汞主要有单质汞和汞化合物两大类,汞化合物又分为无机汞和有机汞。食品中汞的检测法有冷原子吸收光谱法、二硫腙比色法、荧光光谱法和气相色谱法等,本节主要介绍荧光光谱法。

4.1.1 原理

试样经酸加热消解后,在酸性介质中,试样中的汞被硼氢化钾(KBH$_4$)还原成原子态,借助载气进入原子荧光光谱仪中。通过汞空心阴极灯的照射,处在基态的汞原子被激发到高能态,在由高能态回到基态时,发射出特征波长的荧光,其荧光强度与汞含量成正比,与标准系列溶液比较后定量。

4.1.2 试剂

(1)实验试剂。
①硝酸优级纯。
②硫酸优级纯。
③30%过氧化氢。
④氢氧化钾。
⑤硼氢化钾分析纯。
(2)试剂配制。
①硝酸溶液(1+9)。将50mL硝酸慢慢加入450mL水中,混匀。
②硝酸溶液(5+95)。将5mL硝酸慢慢加入95mL水中,混匀。
③氢氧化钾溶液(5g/L)。将5.0g氢氧化钾溶于水中,并加水至1000mL,混匀。

④硼氢化钾溶液（5g/L）。将 5.0g 硼氢化钾溶于 5g/L 的氢氧化钾溶液中，稀释并定容至 1000mL，混匀。

⑤重铬酸钾的硝酸溶液（0.5g/L）。将 0.05g 重铬酸钾溶于 100mL 硝酸溶液（5+95）中，混匀。

（3）标准品。氯化汞：纯度 ≥ 99%。

（4）标准溶液配制。

①汞标准储备液（1000mg/L）。称取 0.1354g 氯化汞，用少量重铬酸钾的硝酸溶液（0.5g/L）溶解，移入 100mL 容量瓶，定容，混匀。

②汞标准中间液（10.0mg/L）。取 1.00mL 汞标准储备液（1000mg/L）于 100mL 容量瓶中，加入重铬酸钾的硝酸溶液（0.5g/L）至刻度，混匀。

③汞标准使用液（50.0mg/L）。取 1.00mL 标准中间液（10.0mg/L）于 200mL 容量瓶中，加入重铬酸钾的硝酸溶液（0.5g/L）至刻度，混匀。

4.1.3 仪器

①原子荧光光谱仪。
②天平。
③微波消解仪。
④压力消解器。
⑤恒温干燥箱。
⑥控温电热板。
⑦超声水浴箱。
⑧匀浆机。

4.1.4 步骤

（1）试样预处理。
①粮食、豆类等样品。将样本全部磨碎，储于塑料瓶中。
②蔬菜、水果、鱼类、肉类及蛋类等新鲜样品。取可食部分，用匀浆机打成匀浆，储于洁净容器中，于 2℃ ~8℃ 冰箱冷藏备用。

（2）试样消解。

①压力罐消解法。取 0.2 ~ 1.0g（精确到 0.1g）固体试样，0.5 ~ 2.0g 新鲜样品或 1.0g ~ 5.0g（精确到 0.001g）液体试样于消解容器内，加 5mL 硝酸。盖上内盖，放入不锈钢外套中，密封。将消解容器放在恒温干燥箱，140℃ ~ 160℃ 保持 4 ~ 5h，在箱内自然冷却至室温，缓慢旋松外罐，取出消解内罐，放在控温电热板上于 80℃ 下加热赶去棕色气体。冷却后将消化液转移至 25mL 容量瓶中，用少量水洗涤消解容器 3 次，转移到容量瓶中，定容。同时进行空白试验。

②微波消解法。取 0.2 ~ 0.5g（精确到 0.001g）固体试样、0.2 ~ 0.8g 新鲜样品或 1.0g ~ 3.0g 液体试样于消解罐中，加入 5mL 硝酸，按照微波消解仪的步骤消解试样（消解条件见表 4-1）。取出消解罐，在电热板上于 80℃ 下加热赶去棕色气体。消解罐放冷后，将消化液转移至 25mL 容量瓶中，用少量水洗涤消解罐 3 次，转移到容量瓶中，定容。同时做空白试验。

表 4-1　试样微波消解参考条件

步骤	温度 /℃	升温时间 /min	保温时间 /min
1	120	5	5
2	160	5	10
3	190	5	35

（3）标准曲线的制作。吸取上面配制的汞标准使用液 0mL、0.20mL、0.50mL、1.00mL、1.50mL、2.00mL、2.50mL 于 50mL 容量瓶中，用硝酸溶液（10%）定容，摇匀。分别相当于 0.00ng/mL、0.20ng/mL、0.50ng/mL、1.0ng/mL、1.50ng/mL、2.00ng/mL、2.50ng/mL。

（4）试样溶液的测定。开机预热，调整好原子荧光光度计的参数。先用硝酸溶液（10%）进样，读数稳定后进标准系列，重复硝酸溶液（10%）进样，待读数基本回零时，分别测定空白液和试样液，每测不同试样前都应清洗进样器。

4.1.4 计算

试样中汞的含量按下式计算：

$$X = \frac{(\rho - \rho_0) \times V \times 1000}{m \times 1000 \times 1000}$$

式中，X 为试样中汞的含量，mg/kg；ρ 为试样液中汞的含量，μg/L；ρ_0 为空白液中汞的含量，μg/L；V 为试样液总体积，mL；m 为试样质量，g；1000 为换算系数。

4.2　食品中砷的检测技术

元素砷在自然界中的分布很广泛，动物、植物中都有微量的砷，海产品中也有微量的砷。

动物中的砷来自摄取的食物，砷排入水域中也容易引起海产品中砷的微量存在。砷被人体吸收以后，不仅会影响正常的细胞代谢，引起组织损伤，还对黏膜具有刺激作用，可直接损坏毛细血管，引起癌变。因此，食品安全国家标准对食品中总砷和无机砷的限量做出了严格规定。

砷可以通过各种途径进入生物圈和食物链对人类产生影响，食品中砷污染主要是来自砷在工农业生产中的应用。砷在自然界中主要以三价和五价的有机和无机化合物的形式存在。最常见的三价砷有三氧化二砷、亚砷酸钠和三氯化砷，五价砷有五氧化二砷、砷酸及其盐类。在食品安全国家标准中，我国对肉制品做出了总砷的限量规定，对于水产品做出了无机砷的限量规定。

从化学形态划分，总砷包括无机砷和有机砷。本节主要介绍银盐法测定食品中总砷和氢化物原子荧光光度法测定无机砷。

4.2.1 氢化物发生原子荧光光谱法

4.2.1.1 原理

试样经消解后,加入硫脲使五价砷还原成三价砷,再用硼氰化钾将样品中所含砷还原成砷化氢,由氢气载入石英原子化器中分解为原子态砷。在特制砷空心阴极灯的发射光激发下产生原子荧光,其荧光强度在特定条件下与试液中的砷含量成正比,与标准系列比较定量。

4.2.1.2 试剂

(1)硝酸-盐酸混合试剂。取 1 份硝酸与 3 份盐酸混合,再用去离子水稀释一倍。

(2)硼氰化钾溶液(1g/L)。称取 2g 氢氧化钾溶于 800mL 水中,加入 1.0g 硼氰化钾并使之溶解,用水稀释至 1000mL。

(3)硼氰化钾溶液(10g/L)。称取 2.5g 氢氧化钾溶于 800mL 水中,加入 10g 硼氰化钾并使之溶解,用水稀释至 1000mL。

(4)硫脲-抗坏血酸混合溶液(50g/L)。称取 5g 硫脲和 5g 抗坏血酸,溶解在 100mL 水中,用时现配。

(5)保存液。称取 0.5g 重铬酸钾,用少量水溶解,加硝酸 50mL,用水稀释至 1000mL,摇匀。

(6)砷标准储备液(1g/L)。称取三氧化二砷(105℃烘 2h)0.66g 于烧杯中加入 10% 氢氧化钠溶液 10mL,加热溶解移入 500mL 容量瓶中,并用去离子水稀释至刻度。

(7)砷标准中间溶液(100mg/L)。取砷标准储备液 10mL 注入 100mL 容量瓶中,用盐酸溶液稀释至刻度,摇匀。

(8)砷标准工作液。取砷标准中间溶液 1mL 注入 100mL 容量瓶中,用盐酸溶液稀释至刻度,摇匀。

4.2.1.3 仪器

原子荧光光度计、特制砷空心阴极灯。

所有玻璃仪器均应以硝酸(1+5)浸泡过夜,用水反复冲洗,最后用去离子水冲洗干净,置于烘箱 105℃下烘 2h 以上。

4.2.1.4 步骤

（1）试样溶液的制备。称取试样 0.5g（精确至 0.0001g）于 25mL 具塞比色管中，加入硝酸 - 盐酸混合试剂 5mL，摇匀，于沸水中消解 2h，每隔 15min 摇动一次。取出冷却，用水稀释至刻度，摇匀后过滤，滤液待测。

（2）空白溶液的制备。除不加试样外，按照上述步骤制备。

（3）标准曲线的绘制。移取砷标准工作液 0mL、0.5mL、1mL、2mL、3mL、4mL、5mL 于 50mL 容量瓶中，加入 5mL 硫脲 - 抗坏血酸混合溶液，用 5% 的盐酸溶液定容，混匀。该标准溶液砷浓度分别为 0μg/L、10μg/L、20μg/L、40μg/L、60μg/L、80μg/L、100μg/L。

按参数的条件由低到高浓度测定标准溶液的荧光强度，计算荧光强度与浓度关系的一元线性回归方程。

（4）样品测定。在测定标准系列溶液后，吸取试样分解后上清液 5mL 于 25mL 容量瓶中，加入 2.5mL 硫脲 - 抗坏血酸混合溶液，用 5% 的盐酸溶液定容，混匀进行测定，测得荧光强度，代入标准系列的一元线性回归方程中求得试液中砷含量。同时做空白试验，样品以空白校零。

4.2.1.5 计算

试样中砷的含量按下式计算：

$$W = \frac{c \times V_2 \times V_{总}/V_1}{m} \times \frac{1000}{1000 \times 1000}$$

式中，W 为试样中总砷含量，mg/kg；c 为试样分解液中砷质量浓度，μg/L；$V_{总}$ 为试样分解液的定容体积，mL；V_1 为测定时分取样品消解液体积，mL；V_2 为测定时分取样品溶液稀释定容体积，mL；m 为试样的质量，g；1000 为换算系数。

4.2.2 银盐法

4.2.2.1 原理

试样经消解后,加入碘化钾、氯化亚锡将高价砷还原为三价砷,然后与锌粒和酸产生的氢生成砷化氢,经银盐溶液吸收后,形成红色胶态物,与标准系列比较定量。

4.2.2.2 试剂

以下试剂除特别注明外,均为分析纯,水应符合 GB/T 6682 二级水要求。

（1）混合酸溶液。

（2）硝酸镁溶液（150g/L）。将 30g 硝酸镁溶于水,稀释至 200mL。

（3）碘化钾溶液（150g/L）。将 75g 碘化钾溶于水,定容至 500mL。

（4）酸性氯化亚锡溶液（400g/L）。将 20g 氯化亚锡溶于 50mL 盐酸中,加入数颗金属锡粒。

（5）二乙氨基二硫代甲酸银 – 三乙胺 – 三氯甲烷吸收溶液（2.5g/L）。将 2.5g（精确到 0.0001g）Ag–DDTC 溶于适量三氯甲烷,转入 1000mL 容量瓶中,加入 20mL 三乙胺,用三氯甲烷定容。

（6）乙酸铅棉花。将医用脱脂棉在乙酸铅溶液（100g/L）中浸泡约 1h,挤压多余溶液,自然晾干。

（7）砷标准储备溶液（1.0mg/mL）。取 0.66g 三氧化砷（110℃,干燥 2h）,溶于 5mL 氢氧化钠溶液,然后加入 25mL 硫酸溶液中和,定容至 500mL。

（8）砷标准工作溶液（1.0μg/mL）。取 500mL 砷标准储备溶液于 100mL 容量瓶中,加水定容,砷的含量为 50μg/mL。

4.2.2.3 仪器

（1）砷化氢发生及吸收装置,包括砷化氢发生器、导气管、吸收瓶。

（2）分光光度计。

4.2.2.4 步骤

（1）试样处理。称取试样 0.1～0.5g（精确到 0.0001g）于砷化氢发生器中（若遇砷含量高的样品时，应先定容，适当分取试样，使试液中砷含量在工作曲线之内），加 5mL 水溶解，加 2mL 乙酸及 1.5g 碘化钾，放置 5min 后，加 0.2g/L 抗坏血酸使之溶解，加 10mL 盐酸，然后用水稀释至 40mL，摇匀。同时做空白试验。

（2）标准曲线绘制。吸取 0.00mL、1.00mL、2.00mL、4.00mL、6.00mL、8.00mL、10.00mL 砷标准使用液，分别置于 150mL 锥形瓶中，加水至 40mL，再加 10mL 硫酸（1+1）。测得吸光度，绘制出标准曲线。

（3）还原反应与比色测定。向试样溶液、试剂空白溶液、标准系列溶液各发生器中，加入 2mL 碘化钾溶液和 1mL 氯化亚锡溶液，摇匀，静置 15min。

吸取 500mLAg-DDTC 吸收液于吸收瓶中，连接好发生吸收装置。从发生器侧管迅速加入 4g 无砷锌粒，反应结束后，取下吸收瓶，用三氯甲烷定容至 5mL，摇匀。以原吸收液为参比，在 520nm 处，用 1cm 比色池测定。

4.2.2.5 计算

试样中砷的含量按下式计算：

$$X = \frac{(A_1 - A_3) \times V_1 \times 1000}{m \times V_2 \times 1000}$$

式中，X 为试样中总砷含量，mg/kg；V_1 为试样消解液定容总体积，mL；V_2 为分取试液体积，mL；A_1 为测试液中含砷量，μg；A_3 为试剂空白液中含砷量，μg；m 为试样质量，g；1000 为换算系数。

若样品中含量很高，可按下式计算：

$$X = \frac{(A_2 - A_3) \times V_1 \times V_3 \times 1000}{m \times V_2 \times V_4 \times 1000}$$

式中，X 为试样中总砷含量，mg/kg；V_1 为试样消解液定容总体积，mL；V_2 为分取试液体积，mL；V_3 为分取液再定容体积，mL；V_4 为测定时分取 V_3 的体积，mL；A_2 为测定用试液中含砷量，μg；A_3 为试剂空白液中含砷量，μg；m 为试样质量，g；1000 为换算系数。

4.3　食品中铅的检测技术

铅(Pb),灰白色重金属,原子量207.2,密度11.34,熔点327℃。铅非人体必需元素。食品中铅的主要来源是工业"三废"、化学农药、食品加工原辅料等方面的污染。铅污染食品后,随食物进入人体,血液中的铅大部分与红细胞结合,随后逐渐以磷酸铅盐的形式蓄积于骨骼中,取代骨中的钙。特别值得关注的是,儿童铅中毒会造成儿童行为异常,表现为智力和注意力的改变,并最终造成智商损伤。因此,对食品中的铅进为检测,既可防止其危害人的健康,又可给食品生产和卫生管理提供科学依据。

以肉及肉制品为例阐述食品中铅的检测。肉及肉制品包括鲜(冻)禽畜肉及其副产品、灌肠类、酱卤肉类、熏烤肉类、肴肉类、腌腊肉、熏煮香肠火腿制品、发酵肉制品等。为了确保其质量安全,肉及肉制品需要进行感官指标、理化指标、食品添加剂、污染物限量、农药残留限量和普药残留限量等项目的检测。

食品安全国家标准规定了铅在食品中的限量指标,其中,肉类(畜禽内脏除外)≤ 0.2mg/kg,肉制品≤ 0.5mg/kg。

4.3.1 石墨炉原子吸收光谱法

4.3.1.1 原理

试样经消解后,经石墨炉原子化后,在283.3nm处测定吸光度。在一定浓度范围,其吸收值与铅含量成正比,将其吸光度与标准系列比较定量。

4.3.1.2 步骤

（1）试样制备。肉与肉制品样品取可食部分，制成匀浆，储于洁净的容器中。

（2）试样前处理。

①湿法消解。取 0.2 ~ 3g（精确到 0.001g）试样于锥形瓶中，放数粒玻璃珠，加 10mL 硝酸和 0.5mL 高氯酸，加盖浸泡，加一小漏斗于电炉上消解（参考条件：120℃ 0.5~1h；升至 180℃ 2 ~ 4h、升至 200℃ ~ 220℃）。若变为棕黑色，再加混合酸，直至冒白烟，消化液呈无色透明，放冷。将消化液转移至 25mL 容量瓶中，用少量水洗涤消解罐 3 次，将洗涤液转移到容量瓶中，用水定容至刻度。同时做空白试验。

②微波消解。取 0.2 ~ 0.8g（精确到 0.001g）试样于消解罐中，加入 5mL 硝酸，按照微波消解的步骤进行消解。冷却后取出消解罐，在电热板上于 140℃ ~ 160℃赶去棕色气体。消解罐放冷后，将消化液转移至 10mL 容量瓶中，用少量水洗涤消解罐 3 次，将洗涤液转移到容量瓶中，用水定容至刻度。同时做空白试验。

（3）标准曲线的制作。吸取铅标准使用液 10.0ng/mL、20.0ng/mL、40.0ng/mL、60.0ng/mL、80.0ng/mL 各 10μL，注入石墨炉，测得其吸光值并求得吸光值与浓度关系的一元线性回归方程。

（4）试样溶液的测定。分别吸取样液和试剂空白液各 10μL，注入石墨炉，测得其吸光度值，代入标准系列的一元线性回归方程中求得样液中铅含量。

4.3.1.3 计算

试样中铅含量按下式计算：

$$X = \frac{(\rho - \rho_0) \times V}{m \times 1000}$$

式中，X 为试样中铅的含量，mg/kg；ρ 为试样溶液中铅的含量，μg/L；ρ_0 为试样溶液中铅的质量浓度，μg/L；V 为试样消化液的定容体积，mL；m 为试样称样量，g；1000 为换算系数。

注意事项：

（1）样品湿法不能消解完全的,使用微波消解。

（2）加硝酸、高氯酸和排烟雾操作,需在通风橱中进行。

（3）使用消解罐时,手不要碰消解罐内盖。

（4）微波消解一般升温不要超过160℃。

（5）新标准采用磷酸二氢铵 – 硝酸钯作为基体改进剂,注意不要使用钯的氯化物。

4.3.2 二硫腙比色法

4.3.2.1 原理

试样经消化后,在 pH（8.5 ~ 9.0）时,铅离子与二硫腙生成红色络合物,溶于三氯甲烷。加入柠檬酸铵、氰化钾和盐酸羟胺等,防止其他离子干扰。于波长 510nm 处测定吸光度,与标准系列比较定量。

二硫腙比色法以称样量 0.5g 计算,方法的检出限为 1mg/kg,定量限为 3mg/kg。

4.3.2.2 步骤

（1）试样制备。同本节石墨炉原子吸收光谱法。

（2）试样前处理。同本节石墨炉原子吸收光谱法中的湿法消解。

（3）测定。

①仪器条件。将仪器调至最佳状态,测定波长 510nm。

②标准曲线的制作。吸取一定量的铅标准使用液分别置于 125mL 分液漏斗中,各加硝酸溶液（5+95）至 20mL。各加 2mL 柠檬酸铵溶液（200g/L）,1mL 盐酸羟胺溶液（200g/L）和 2 滴酚红指示液,用氨水（1+1）调至红色,再各加 2mL 氰化钾溶液（100g/L）,混匀。然后各加 5mL 二硫腙使用液,剧烈振摇 1min,静置分层后,三氯甲烷层经脱脂棉滤入 1cm 比色杯中,以三氯甲烷调节零点,于波长 510nm 处测吸光度,各点减去零管吸收值后,绘制标准曲线,试样与曲线比较。

4.3.2.3 计算

试样中铅含量按下式进行计算：

$$X = \frac{(m_1 - m_2) \times 1000}{m \times 1000}$$

式中，X 为试样中铅的含量，mg/kg；m_1 为试样溶液中铅的含量，μg；m_2 为空白溶液中铅的含量，μg；m 为试样称样量，g；1000 为换算系数。

注意事项：

（1）所有玻璃器皿均需 10%~20% 硝酸浸泡过夜，用自来水反复冲洗，最后用水冲洗干净。

（2）必须严格控制好溶液的 pH（8.5 ~ 9.0），酸度过高或过低都将导致铅的提取不完全。

（3）比色皿在使用前，要进行比色皿配对，以消除比色皿不一致带来的误差。

4.3.3 电感耦合等离子体原子发射光谱法（ICP-AIES）

4.3.3.1 原理

试样经消解后，将消解液喷入等离子体，并以此作光源，在等离子体光谱仪相应元素波长处测量其光谱强度，并采用标准曲线法计算元素含量。

4.3.3.2 试剂

（1）硝酸、过氧化氢、高氯酸。

（2）硝酸（1+3）。量取 100mL 硝酸，加入 300mL 水，混匀。

（3）硝酸（1+19）。量取 10mL 硝酸，加入 190mL 水，混匀。

（4）硝酸 – 高氯酸混合溶液（4+1）。量取 400mL 硝酸，加入 100mL 高氯酸，混匀。

（5）氩气，纯度 ≥ 99.9%。

（6）内标物铟标准溶液，其质量浓度为 1000mg/L。

（7）铅标准储备液 100mg/L。

（8）铅标准使用液。取一定量的铅标准储备液,用硝酸(1+19)稀释成浓度为 0.5mg/L 的铅标准使用溶液,用于测定。

4.3.3.3 仪器

等离子体原子发射光谱仪(带轴向观测)、分析天平、马弗炉、干燥恒温箱、瓷坩埚、可调式电炉、样品粉碎机、匀浆机。

4.3.3.4 步骤

（1）试样预处理。

①粮谷、植物性食品干制品。去杂后,磨碎,过 40 目筛,混匀后储于洁净容器中,保存备用。

②水果、蔬菜、禽蛋等水分含量高的样品。取可食部分,用食品加工机或匀浆机打成匀浆,储于洁净容器中,0 ~ 4℃保存备用。

③水产品、畜禽肉等样品。取可食部分,用绞肉机绞拌均匀,混匀后储于洁净容器中,0 ~ 4℃保存备用。

（2）试样消解。

①湿法消解。称取试样(水果、蔬菜、禽蛋5 ~ 10g,畜禽肉0.5 ~ 2g,水产品 1 ~ 2g,粮谷、植物性食品干制品0.5 ~ 1g)于100mL 三角瓶中,加入硝酸20 ~ 30mL,置于可调式电炉上加热消解。若消解液处理到10mL 左右时仍有未分解物或颜色较深,取下放冷,补加硝酸5 ~ 10mL,消解到 10mL 左右观察。如此反复几次,至消化液呈淡黄色或无色。加入高氯酸1 ~ 2mL,蒸发至冒白烟,取下放冷,补加少量硝酸(使定容后溶液介质为 5% 硝酸),用少量水冲洗瓶壁,再移至电炉上温热,取下放冷。将消解液转移至50mL 容量瓶中,用少量水洗涤消解罐 3 次,合并洗涤液,加入内标物溶液 0.1 ~ 0.5mL（控制内标物铟浓度为10μg/mL）,用水定容至刻度。同时做空白试验。

②干灰化法。称取试样(同①)于瓷坩埚中,小火炭化至无烟,移入高温炉中于 500℃灰化,根据样品状态确定灰化时间。如果灰化不彻底,则在样品冷却后滴加数滴硝酸,重新置入高温炉中灰化,直至样品变成灰白色为止。用少量硝酸(1+19)将灰分洗入 100mL 三角瓶中,加 2mL 硝酸 – 高氯酸混合溶液于电炉上消解至冒白烟,以下按①"取下放冷,补加少量硝酸……"操作。

（3）测定。

① ICP–AIES 仪参考条件：观测方向为轴向；功率为 110kW；等离子气流量为 15.5L/min；辅助气流量为 1.50L/min；雾化气流量为 0.8L/min；分析谱线波长为 220.353nm；内标元素谱线波长为铟 325.609nm。

②标准曲线：设置仪器的最佳分析条件，根据待测元素含量按顺序测定标准系列溶液各元素的光谱强度，以元素浓度为自变量，以光谱强度为因变量，绘制标准曲线。

③校准（工作）曲线：回归曲线的线性相关系数，混合标准系列相关系数应 ≥ 0.995。

④样品测定：在选择的最佳测定条件下，测定空白溶液和试样溶液中各待测元素的光谱强度，从工作曲线上给出相应组分的浓度。

4.3.3.5 计算

试样中铅含量按下式进行计算：

$$X = \frac{(\rho - \rho_0) \times V \times f \times 1000}{m \times 1000}$$

式中，X 为被测元素含量，mg/kg；ρ 为被测试液中铅元素的含量，μg/mL；ρ_0 为被测空白溶液中铅元素的含量，μg/mL；V 为测试液体积，mL；f 为试样液稀释倍数；m 为试样质量，g；1000 为换算系数。

注：本法适用于粮谷、植物性食品干制品、水果、蔬菜、水产品、畜禽肉及蛋等产品中铅的测定，如果利用混合标准液，可同时测定钠、镁、钾、钙、铬、锰、铁、镍、铜、锌、砷、镉、钡的含量。

4.4　食品中镉的检测技术

镉及其化合物在工业上应用广泛，不可避免地会对食品造成污染，在一般环境中镉含量很低，但通过食物链富集后达到相当高的浓度。目前，食品中镉的测定方法很多，其中石墨炉原子吸收光谱法灵敏度高，试样前处理简单方便。本节主要介绍石墨炉原子吸收光谱法测定食品中镉含量。

4.4.1 原理

样品经消解除去有机物质,制成溶液,放于石墨炉中,经过干燥、灰化、原子化、净化,使样品液中的镉原子吸收元素灯发射的特征谱线,将其吸光度与标准系列比较定量。

4.4.2 试剂

（1）实验试剂。
①硝酸优级纯。
②盐酸优级纯。
③高氯酸优级纯。
④过氧化氢30%。
⑤磷酸二氢铵。
（2）试剂配制。
①硝酸溶液（1%）。将10mL硝酸慢慢加入100mL水中,稀释至1000mL。
②盐酸溶液（50%）。将50mL盐酸慢慢加入50mL水中。
③硝酸–高氯酸（9+1）混合溶液。将9份硝酸与1份高氯酸混合。
④磷酸二氢铵溶液（10g/L）。称取10g磷酸二氢铵溶于100mL硝酸溶液（1%）中,稀释并定容至1000mL,混匀。
（3）标准品。金属镉（Cd）标准品,纯度 ≥ 99%。
（4）标准溶液配制。
①镉标准储备液（1000mg/L）。准确称取1g金属镉标准品,用20mL盐酸溶液（50%）溶解,加2滴硝酸,移入1000mL容量瓶中,定容,混匀。
②镉标准使用液（100ng/mL）。取10mL镉标准储备液于100mL容量瓶中,加入硝酸溶液（1%）至刻度。
③镉标准曲线工作液。取镉标准使用液0mL、0.5mL、1mL、1.5mL、2mL、3mL于100mL容量瓶中,加入硝酸溶液（1%）至刻度,即得含镉量分别为0ng、0.5ng、1ng、1.5ng、2ng、3ng的标准系列溶液。

4.4.3 仪器

（1）石墨炉原子吸收分光光度计。
（2）镉元素空心阴极灯。
（3）电子天平。
（4）可调温式电热板、可调温式电炉。
（5）马弗炉。
（6）恒温干燥箱。
（7）压力消解器、压力消解罐。
（8）微波密闭消解系统。

4.4.4 步骤

（1）样品处理。
①粮食、豆类等。除杂后，将样本全部磨碎，储于洁净的塑料瓶中。
②蔬菜、水果、鱼类、肉类及蛋类等新鲜样品。取可食部分，用匀浆机打成匀浆，储于塑料瓶中，0 ~ 4℃保存备用。
（2）试样消解。称取干试样 0.3 ~ 0.5g（精确至 0.0001g）、鲜（湿）试样 1 ~ 2g（精确到 0.001g）置于微波消解罐中，加硝酸 5mL 和过氧化氢 2mL，摇匀，盖好内盖，旋紧外套，置于微波消解仪中，按照设定的消解程序进行微波消解。微波消解程序可参考表 4-2 所示的条件。消解完成后，取出高压微波消解罐，将其置于通风橱中冷却，打开内罐，将内罐加热或将消解液倒出加热，除去挥发性消解物，用 1% 硝酸溶液洗涤消解罐并转移至 10mL 或 25mL 容量瓶中，定容。同时做空白试验。

表 4-2　微波消解程序

步骤	压力 /MPa	时间 /min	功率 /W
1	0.3	3.0	600
2	0.7	3.0	600
3	1.2	3.0	600
4	1.6	3.0	600
5	2.0	3.0	600
6	2.0	8.0	600

（3）仪器参考条件。波长228.8nm,狭缝0.5 ~ 1.0nm,灯电流8 ~ 10mA,干燥温度120℃,20s;灰化温度350℃,持续15 ~ 20s,原子化温度1700℃ ~2300℃,持续4 ~ 5s,背景校正为氘灯。

（4）标准曲线的制作。吸取上面配制的镉标准使用液10.0ng/mL、20.0ng/mL、40.0ng/mL、60.0ng/mL、80.0ng/mL 各20μL,注入石墨炉,测得其吸光值并求得吸光值与浓度关系的一元线性回归方程。

（5）试样溶液的测定。开机预热,调整好原子吸收分光光度计的参数。进样20μL,再进10μL磷酸铵溶液作为基体改进剂,测定吸光度值。

4.4.5 计算

试样中镉的含量按下式进行计算：

$$X = \frac{(\rho_1 - \rho_0) \times V}{m \times 1000}$$

式中,X为试样中镉的含量,ng/kg 或 ng/L;ρ_1为试样消化液中镉的含量,ng/mL;ρ_0为空白液中镉的含量,ng/mL;m为试样质量或体积,g 或 mL;V为试样消化液的总体积,mL;1000 为换算系数。

第 5 章

食品加工与储藏过程中产生的有毒有害物质的检测

在食品加工、包装、运输和销售过程中,食品添加剂的不合理使用、加工储藏条件的不恰当或者环境的污染会使食品携带有毒有害的污染物质。为此,必须建立高灵敏度的检测分析方法来监测食品中有毒有害物质的污染水平,采取各种控制措施来减少或消除食品中有毒、有害物质对人体的损害,确保食品的安全性。

5.1　食品中油脂氧化及其衍生物的检测技术

5.1.1 酸值(酸价)的检测

5.1.1.1 原理

试样溶解在热乙醇中,用氢氧化钾水溶液滴定。酸值指中和 1g 油脂中的游离脂肪酸所需氢氧化钾的毫克数。

5.1.1.2 试剂

(1)氢氧化钾。

(2)乙醇:最低浓度为 95%。

(3)10g/L 酚酞指示剂:10g 酚酞溶解于 1L 的 95%乙醇溶液中。

(4)20g/L 碱性蓝 6B 或百里酚酞(适用于深色油脂):20g 碱性蓝 6B 或百里酚酞溶解于 1L 的 95%乙醇溶液中。

5.1.1.3 仪器

(1)微量滴定管:10mL,最小刻度 0.02mL;

(2)分析天平:精确度参见表 5-1。

表 5-1　试样称量

估计的酸值	试样量(g)	试样称重的精确度(g)
<1	20	0.05
1 ~ 4	10	0.02
4 ~ 15	2.5	0.01
15 ~ 75	0.5	0.001
> 75	0.1	0.0002

注:试样的量和滴定液的浓度应使得滴定液的用量不超过 100mL

5.1.1.4 步骤

（1）称样。根据样品的颜色和估计的酸值按表 5-1 称样，装入锥形瓶中。

（2）测定。将含有 0.5mL 酚酞指示剂的 50mL 乙醇溶液装入锥形瓶中，加热至沸腾，当乙醇的温度高于 70℃时，用 0.1mol/L 的氢氧化钾溶液滴定至溶液变色，并保持溶液 15s 不褪色，即为终点。将中和后的乙醇转移至装有测试样品的锥形瓶中，充分混合，煮沸。用氢氧化钾溶液滴定（浓度取决于样品估计的酸值），滴定过程中要充分摇动，至溶液颜色发生变化并且保持 15s 不褪色，即为滴定终点。

终点滴定时需要注意以下两点。

①在使用酚酞指示剂测定颜色较深的油脂时，每 100mL 酚酞指示剂溶液，可加入 1mL 的 0.1%次甲基蓝溶液观察滴定终点。

②氢氧化钾、乙醇溶液的浓度，随温度而发生变化，用下列公式来校正：

$$V' = V_t[(1 - 0.0011(t - t_0)]$$

式中，V' 为校正后氢氧化钾标准溶液的体积，mL；V_t 为在温度 t 时测得的氢氧化钾标准溶液的体积，mL；t 为测量时的摄氏温度；t_0 为标定时氢氧化钾标准溶液的摄氏温度。

5.1.1.5 计算

酸值按下式计算：

$$酸值 = \frac{56.1 \times V \times c}{m}$$

式中，V 为所用氢氧化钾标准溶液的体积，mL；c 为所用氢氧化钾标准滴定溶液的准确浓度，mol / L；m 为试样的质量，g；56.1 为氢氧化钾的摩尔质量，g/mol。

5.1.2 皂化价的检测

5.1.2.1 原理

皂化价是指中和 1g 油脂中所含全部游离脂肪酸和结合脂肪酸（甘

油酯）所需氢氧化钾的毫克数。油脂与氢氧化钾乙醇液共热时，发生皂化反应，剩余的碱可用标准酸滴定，从而可计算出中和油脂所需要的氢氧化钾毫克数。

5.1.2.2 试剂

0.5mol/L 氢氧化钾乙醇溶液：称取氢氧化钾 30g 溶于 95% 乙醇并定容至 1L，摇匀，静置 24h，倾出上层清液，贮于装有苏打石灰球管的玻璃瓶中。

5.1.2.3 步骤

称取油样约 2g，加入 0.5mol/L 氢氧化钾乙醇液 25mL，在水浴上回流加热 30min，不时摇动。取下冷凝管，加入中性乙醇 10mL，1% 酚酞 0.5mL，用 0.5mol/L 盐酸标准液滴定至红色消失。在同一条件下做空白试验。

5.1.2.4 计算

$$皂化价 = \frac{c \times (V_1 - V_2) \times 56.11}{m}$$

式中，c 为盐酸标准溶液的浓度，mol/L；V_1 为空白滴定消耗盐酸标准液量，mL；V_2 为样品滴定消耗盐酸标准液量，mL；m 样品质量，g；56.11 表示 1mol/L 盐酸溶液 1mL，相当于氢氧化钾的质量，g。

一般植物油的皂化价如下：棉籽油 189~198，花生油 188~195，大豆油 190~195，菜籽油 170~180，芝麻油 188~195，葵花籽油 188~194，茶籽油 188~196。

5.2 食品中丙烯酰胺的检测技术

5.2.1 气相色谱 - 质谱法

5.2.1.1 原理

丙烯酰胺系极性小分子化合物。食品中丙烯酰胺经水、醇类等极性溶剂提取,离心过滤和过柱等净化处理,溴化衍生生成 2,3- 二溴丙烯酰胺(2,3-DBPA),气相色谱 – 质谱联机分析,主要特征定性离子碎片(m/z): 152、150、108、106,其相对丰度比: 150 : 152=1108 : 106=1108 : 152=0.6106 : 150 (各丰度比与标准品相比最大相差 ≤ 20%)。定量离子(m/z): 150。定量方法采用标准加入法。

5.2.1.2 试剂

(1)正己烷:重蒸馏。

(2)乙酸乙酯:色谱纯。

(3)丙烯酰胺标准品:纯度 ≥ 99% 。

(4)丙烯酰胺标准溶液。

(5)无水硫酸钠:650℃灼烧 4h,干燥器中放置保存。

(6)饱和溴水含量 ≥ 3% 。

(7)氢溴酸含量 ≥ 40% 。

(8)硫代硫酸钠溶液(0.2mol/L)。

(9)甲醇。

(10)氯化钾。

5.2.1.3 仪器

(1)气相色谱 – 质谱仪。

(2)振荡器。

(3)冷冻离心机(5000 ～ 10000r/min)。

(4)固相提取装置(石墨化炭黑柱,规格为 Carbotrap B.SPE 柱,500mg/3mL)。

(5)粉碎机(或均质机)。

(6)精密天平(精度: 0.1mg)。

(7)聚四氟乙烯活塞分液漏斗。

(8)具塞三角瓶。

(9)0.45μm 有机系过滤膜。

5.2.1.4 步骤

(1)提取。准确称取已粉碎均匀(或均质化)的四份样品各 10g (精确至 1mg),分别置于 250mL 具塞三角瓶中,各加入丙烯酰胺标准溶液

（10μg/mL）0.0mL、0.5mL、1.0mL、2.0mL 和水共计 50mL，振荡 30min，过滤，取滤液 25mL。

（2）净化。

①将滤液置于聚四氟乙烯活塞分液漏斗中，加 20mL 正己烷，室温下振荡萃取，静置分层，取下层水相。

②将水相进行高速冷冻离心（转速 5000 ~ 10000r/min，时间 30min，温度 0 ~ 4℃），上清液用玻璃棉过滤。

③将过滤液直接进行溴化衍生。在过滤液出现混浊时，应过石墨化炭黑固相萃取柱（柱使用前依次用 5mL 甲醇和 5mL 水活化），再用 20mL 水淋洗，收集过柱和淋洗后的溶液，用于衍生化。

5.2.1.5 计算

求出当酸值为 0 时 c 的绝对值，即为试样测定液中丙烯酰胺的浓度。样品中丙烯酰胺含量计算：

$$X = \frac{c \times V \times R \times 1000}{m \times 1000}$$

式中，X 为样品中丙烯酰胺的含量，mg/kg；c 为测定液中丙烯酰胺的浓度，μg/mL；V 为测定液体积，mL；R 为稀释倍数；m 为试样的质量，g；1000 为换算系数。

在 7 ~ 20μg/kg 范围时，本方法在重复性条件下获得的两次独立测定结果的绝对差值不得超过算术平均值的 30%；在 20 ~ 1000μg/kg 范围时，本方法在重复性条件下获得的两次独立测定结果的绝对差值不得超过算术平均值的 15%。

5.2.2 稳定性同位素稀释的气相色谱 – 质谱法

5.2.2.1 原理

应用稳定性同位素稀释技术，在试样中加入 $^{13}C_3$ 标记的丙烯酰胺内标溶液，以水为提取溶剂，试样提取液采用基质固相分散萃取净化、溴试剂衍生后，采用气相色谱 – 串联质谱仪的多反应离子监测（MRM）或气相色谱 – 质谱仪的选择离子监测（SIM）进行检测，内标法定量。

5.2.2.2 试剂

（1）正己烷：分析纯，重蒸后使用。

（2）乙酸乙酯：分析纯，重蒸后使用。

（3）无水硫酸钠：400℃，烘烤 4h。

（4）硫酸铵。

（5）硫代硫酸钠。

（6）溴。

（7）氢溴酸：含量＞ 48.0%。

（8）溴化钾。

（9）超纯水，电导率（25℃）≤ 0.01mS/m。

（10）饱和溴水：量取 100mL 超纯水，置于 200mL 的棕色试剂瓶中，加入 8mL 溴，4℃避光放置 8h，上层为饱和溴水溶液。

（11）溴试剂：称取溴化钾 20.0g，加超纯水 50mL，使完全溶解，再加入 1.0mL 氢溴酸和 16.0mL 饱和溴水，摇匀，用超纯水稀释至 100mL，4℃避光保存。

（12）硫代硫酸钠溶液（0.1mol/L）：称取硫代硫酸钠 2.48g，加超纯水 50mL，使完全溶解，用超纯水稀释至 100mL，4℃避光保存。

（13）饱和硫酸铵溶液：称取 80g 硫酸铵晶体，加入超纯水 100mL，超声溶解，室温放置。

（14）硅藻土：Extrelut™20 或相当产品。

（15）丙烯酰胺标准品：纯度＞ 99%。

（16）$^{13}C_3$– 丙烯酰胺标准品：纯度＞ 98%。

（17）丙烯酰胺标准储备溶液（1000mg/L）：准确称取丙烯酰胺标准品，用甲醇溶解并定容，使丙烯酰胺浓度为 1000mg/L，置 –20℃冰箱中保存。

（18）丙烯酰胺中间溶液（100mg/L）：移取丙烯酰胺标准储备溶液 1mL，加甲醇稀释至 10mL，使丙烯酰胺浓度为 100mg/L，置 –20℃冰箱中保存。

（19）丙烯酰胺工作溶液Ⅰ（10mg/L）：移取丙烯酰胺中间溶液 1mL，用 0.1% 甲酸溶液稀释至 10mL，使丙烯酰胺浓度为 10mg/L。现用现配。

（20）丙烯酰胺工作溶液Ⅱ（1mg/L）：移取丙烯酰胺工作溶液Ⅰ

（1mL），用 0.1% 甲酸溶液稀释至 10mL，使丙烯酰胺浓度为 1mg/L。现用现配。

（21）$^{13}C_3$- 丙烯酰胺内标储备溶液（1000mg/L）：准确称取 $^{13}C_3$- 丙烯酰胺标准品，用甲醇溶解并定容，使 $^{13}C_3$- 丙烯酰胺浓度为 1000mg/L，置 -20℃ 冰箱中保存。

（22）内标工作溶液（ 10mg/L）：移取内标储备溶液 1mL，用甲醇稀释至 100mL，使 $^{13}C_3$- 丙烯酰胺浓度为 10mg/L，置 -20℃ 冰箱中保存。

（23）标准曲线工作溶液：取 5 个 10mL 容量瓶，分别移取 0.1mL、0.5mL、2mL 丙烯酰胺工作溶液 I（1mg/L）和 0.5mL、1mL 丙烯酰胺工作溶液 I（1mg/L）与 0.5mL 内标工作溶液（1mg/L），用超纯水稀释至刻度。标准系列溶液中丙烯酰胺浓度分别为：10μg/L、50μg/L、200μ/L、500μg/L、100ug/L，内标浓度为 50μg/L。现用现配。

5.2.2.3 仪器

气相色谱 - 四级杆质谱联用仪（CC - MS）或气相色谱 - 离子阱串联质谱联用仪（GC-IT- MS/MS）。色谱柱：DB -5ms 柱（30m × 0.25mm i.d. × 0.25μm）或等效柱。组织粉碎机。旋转蒸发仪。氮气浓缩器。振荡器。玻璃层析柱：柱长 30cm，柱内径 1.8cm。旋涡混合器。超纯水装置。分析天平：感量为 0.1mg。离心机：转速 ≤ 10000r/min。

5.2.2.4 步骤

（1）样品提取。取 50g 试样，经粉碎机粉碎，-20℃ 冷冻保存。准确称取试样 2g 加入 1mg/L$^{13}C_3$- 丙烯酰胺内标溶液 50μL，再加入超纯水 10mL，振荡 30min 后，于 4000r/min 离心 10min，取上清液备用。

（2）样品净化。在试样提取的上清液中加入硫酸铵 15g，振荡 10min，使其充分溶解，于 4000r/min 离心 10min，取上清液 10g，备用。如上清液不足 10g，则用饱和硫酸铵补足。取洁净玻璃层析柱，在底部填少许玻璃棉，压紧，依次填装无水硫酸钠 10g、硅藻土 2g。称取 5g 硅藻土与上述备用的试样上清液搅拌均匀后，装入层析柱中。用 70mL 正己烷淋洗，控制流速为 2mL/min，弃去正己烷淋洗液。用 70mL 乙酸乙酯洗脱，控制流速为 2mL/min，收集乙酸乙酯洗脱溶液，并在 45℃ 水浴下减压旋转蒸发至近干，用乙酸乙酯洗涤蒸发瓶残渣 3 次（每次 1mL），并将其转移至已加入 1mL 超纯水的试管中，涡旋振荡。在氮气流下吹去上层有机相后,加入 1mL 正己烷,涡旋振荡,于 3500r/min 离心 5min,取下层水相备用衍生。

（3）衍生。试样的衍生:在试样提取液中加入溴试剂 1mL,涡旋振荡,4℃放置至少 1h 后,加入 0.1mol/L 硫代硫酸钠溶液约 100μL,涡旋振荡除去剩余的衍生剂;加入 2mL 乙酸乙酯,涡旋振荡 1min,于 4000r/min 离心 5min,吸取上层有机相转移至加有 0.1g 无水硫酸钠的试管中,加入乙酸乙酯 2mL 重复萃取,合并有机相;静置至少 0.5h,转移至另一试管,在氮气流下吹至近干,加 0.5mL 乙酸乙酯溶解残渣,备用。

注意:根据仪器的灵敏度,调整溶解残渣的乙酸乙酯体积。通常情况下,采用串联质谱仪检测,其使用量为 0.5mL;采用单级质谱仪检测,其使用量为 0.1mL。

标准系列溶液的衍生:量取标准系列溶液各 1mL,按照上述试样衍生方法同步操作。

（4）色谱条件。

色谱柱:DB-5ms 柱（30m × 0.25mm × 0.25m）或等效柱。

进样口温度:120℃保持 2min,以 40℃/min 速度升至 240℃,并保持 5min。

色谱柱程序温度:659℃保持 1min,以 15℃/min 速度升至 200℃,再以 40℃/min 的速度升至 240℃,并保持 5min。

载气:高纯氢气（纯度 > 99.999%）,柱前压为 69MPa,相当于 10psi。

不分流进样,进样体积 1μL。

（5）质谱参数。

①四极杆质谱仪。

a. 检测方式:选择离子扫描（SIM）采集。

b. 电离模式:电子轰击源（EI）,能量为 70eV。

c. 传输线温度:250℃。

d. 离子源温度:200℃。

e. 溶剂延迟:6min;质谱采集时间:6~12min。

f. 丙烯酰胺监测离子为 m/z 106、150 和 152,$^{13}C_3$- 丙烯酰胺内标监测离子为 m/z 110 和 1155。

②离子阱串联质谱仪。

a. 检测方式:多反应离子监测（MRM）。

b. 电离模式：电子轰击源（EI）。

c. 离子阱温度：220℃。

d. 传输线温度：250℃。

e. 歧盒（manifold）温度：45℃。

f. 质谱采集时间：6~12min。

g. 丙烯酰胺监测离子为 $m/z\ 150 \to m/z\ 133$，$m/z\ 152 \to m/z\ 135$，$^{13}C_3$-丙烯酰胺内标监测离子为 $m/z\ 155 \to m/z\ 138$。

（6）标准曲线的制作。将衍生的标准系列工作液分别注入气相色谱 – 质谱系统，检测相应的丙烯酰胺及其内标的峰面积，以各标准系列工作液的丙烯酰胺进样浓度（μg/L）为横坐标，以丙烯酰胺及其内标 $^{13}C_3$-丙烯酰胺定量离子质量色谱图上测得的峰面积比为纵坐标，绘制线性曲线。

（7）试样溶液的检测。将衍生的试样溶液注入气相色谱 – 质谱系统中，得到丙烯酰胺和内标 $^{13}C_3$-丙烯酰胺的峰面积比，根据标准曲线得到待测液中丙烯酰胺进样浓度（μg/L），平行检测次数不少于 2 次。

（8）质谱分析。分别将试样和标准系列工作液注入气相色谱 – 质谱仪，记录总离子流图和质谱图及丙烯酰胺和内标的峰面积，以保留时间及碎片离子的丰度定性。要求所检测的丙烯酰胺色谱峰信噪比（S/N）大于 3，被测试样中目标化合物的保留时间与标准溶液中目标化合物的保留时间一致，同时被测试样中目标化合物的相应监测离子丰度比与标准溶液中目标化合物的色谱峰丰度比一致。

5.2.2.5 计算

$$X = \frac{A \times f}{M}$$

式中，X 为试样中丙烯酰胺的含量，μg/kg；A 为试样中丙烯酰胺（$m/z\ 55$）色谱峰与 $^{13}C_3$-丙烯酰胺内标（$m/z\ 58$）色谱峰的峰面积比值对应的丙烯酰胺质量，mg；f 为试样中内标加入量的换算因子（内标为 10μL 时 $f=1$ 或内标为 20μL 时 $f=2$）；M 为加入内标时的取样量，g。

5.3　食品中反式脂肪酸的检测技术

关于食品中反式脂肪酸的检测技术这里主要介绍气相色谱法。

5.3.1 原理

用有机溶剂提取食品中的植物油脂。提取物(植物油脂)在碱性条件下与甲醇进行酯交换反应,生成脂肪酸甲酯。采用气相色谱法分离顺式脂肪酸甲酯和反式脂肪酸甲酯,依据内标法定量反式脂肪酸。

食用植物油脂不经有机溶剂提取,直接进行酯交换。

5.3.2 试剂

(1)盐酸(ρ_{20}=1.19):优级纯,无水乙醇,乙醚,石油醚(60℃~90℃)。异辛烷:色谱纯,一水合硫酸氢钠。无水硫酸钠:650℃灼烧 4h,降温后贮于干燥器内。

(2)氢氧化钾 – 甲醇溶液(2mol/L):称取 13.1g 氢氧化钾,溶于约80mL 甲醇中,冷却至室温,用甲醇定容至 100mL,加入约 5g 无水硫酸钠,充分搅拌后过滤,保留滤液。

(3)十三烷酸甲酯标准品:纯度不低于99%。

(4)内标溶液:称取适量十三烷酸甲酯,用异辛烷配置成浓度为1mg/mL 的溶液。

(5)脂肪酸甲酯标准品:已知含量的十八烷酸甲酯、反 –9– 十八碳烯酸甲酯、顺 –9– 十八碳烯酸甲酯、反 –9,12– 十八碳二烯酸甲酯、顺 –9,12– 十八碳二烯酸甲酯、反 –9,12,15– 十八碳三烯酸甲酯、顺 –9,12,15– 十八碳三烯酸甲酯、二十烷酸甲酯、顺 –11– 二十碳烯酸甲酯。

(6)脂肪酸甲酯混合标准溶液Ⅰ:称取适量脂肪酸甲酯标准品(精确到 0.1mg),用异辛烷配置成每种脂肪酸甲酯含量为 0.02~0.1mg/mL

的溶液。

（7）脂肪酸甲酯混合标准溶液Ⅱ：称取适量十三烷酸甲酯、反 -9-十八碳烯酸甲酯、反 -9,12- 十八碳二烯酸甲酯、顺 -9,12,15- 十八碳三烯酸甲酯各 10mg（精确到 0.1mg）于 100mL 的容量瓶中，用异辛烷定容至刻度，混合均匀。

5.3.3 仪器

（1）分析天平：精度 0.1mg。
（2）气相色谱仪：配有氢火焰离子化检测器。
（3）色谱柱：石英交联毛细管柱；固定液：高氰丙基取代的聚硅氧烷；柱长 100m，内径 0.25mm，涂膜厚度 0.2μm。
（4）粉碎机。
（5）组织捣碎机。

5.3.4 步骤

（1）样品处理。
①含植物油食品的块状或颗粒状样品：取有代表性的样品至少 200g，用粉碎机粉碎，或用研钵研细，置于密闭的玻璃容器内。
②含植物油食品的粉末状、糊状或液体（包括植物油脂）样品：取有代表性的样品至少 200g，充分混匀，置于密闭的玻璃容器内。
③固液体样品：取有代表性的样品至少 200g，用组织捣碎机捣碎，置于密闭的玻璃容器内。
（2）分析步骤。
①含植物油试样脂肪的定量。称取含植物油的样品 2.00g（固体）或 10.00g（液体），按 CB/T 5009.6—2003 第二法检测脂肪含量。
②含植物油样品脂肪的提取。称取含植物油试样 2.00g（固体）或 10.00g（液体）置于 100mL 试管内，加 8mL 水。混合均匀后再加 10mL 盐酸。将试管和内容物置于 60℃水浴中加热 40 ~ 50min。每隔 5 ~ 10min 用玻璃棒搅拌 1 次，至试样消化完全。加入 10mL 乙醇，混合均匀，冷却至室温。加入 25mL 乙醚，振摇 1min，再加入 25mL 石油醚，振摇 1min，静置分层。将有机溶液层转移到圆底烧瓶中，于 60℃下

将有机溶剂（乙醚和石油醚）蒸发完毕，保留脂肪。

③脂肪酸甲酯的制备。称取约 60mg（精确到 0.1mg）植物油或提取的脂肪，置于 10mL 具塞试管中，依次加入 0.5mL 内标溶液、4mL 异辛烷、0.2mL 氢氧化钾 – 甲醇溶液，塞紧试管塞，剧烈振摇 1~2min，至试管内混合溶液澄清。加入 1g 一水合硫酸氢钠，剧烈振摇 0.5min，静置，取上清液待测。

（3）检测。

①色谱条件。色谱柱温度：60℃，5min $\xrightarrow{5℃/min}$ 165℃，1min $\xrightarrow{2℃/min}$ 225℃，17min。气化室温度：240℃。检测器温度：250℃。氢气流速：30mL/min。空气流速：300mL/min。载气：氮气，纯度 > 99.995%，流速 1.3mL/min。分流比：1：30。

②相对质量校正因子的确定。吸取 1μL 脂肪酸甲酯混合标准溶液 Ⅱ 注入气相色谱仪，确定十三烷酸甲酯、反 –9– 十八碳烯酸甲酯、反 –9,12– 十八碳二烯酸甲酯、顺 –9,12,15– 十八碳三烯酸甲酯各自色谱峰的位置和色谱峰面积。

反 –9– 十八碳烯酸甲酯、反 –9,12– 十八碳二烯酸甲酯、顺 –9,12,15– 十八碳三烯酸甲酯与十三烷酸甲酯相对应的质量校正因子（f_m）按下式计算。

$$f_m = \frac{m_j A_{st}}{m_{st} A_j}$$

式中，m_j 为脂肪酸甲酯混合标准溶液 Ⅱ 中反 –9– 十八碳烯酸甲酯、反 –9,12– 十八碳二烯酸甲酯或顺 –9,12,15– 十八碳三烯酸甲酯的质量，mg；A_{st} 为十三烷酸甲酯的色谱峰面积；m_{st} 为脂肪酸甲酯混合标准溶液 Ⅱ 中十三烷酸甲酯的质量，mg；A_j 为反 –9– 十八碳烯酸甲酯、反 –9,12– 十八碳二烯酸甲酯或顺 –9,12,15– 十八碳三烯酸甲酯的色谱峰面积。

③试样中反式脂肪酸的定量。吸取 1μL 制备的待测试液注入气相色谱仪，检测试液中各组分的保留时间和色谱峰面积。

5.3.5 计算

某种反式脂肪酸占总脂肪的质量分数计算：

$$X_i = \frac{m_s \times A_i \times f_m \times M_{mi}}{m \times A_s \times M_{ei}}$$

式中，m_s 为加入样品中的内标物质（十三烷酸甲酯）的质量，mg；A_s 为加入样品中的内标物质（十三烷酸甲酯）的色谱峰面积；A_i 为成分 i 脂肪酸甲酯的色谱峰面积；m 为称取脂肪的质量，mg；M_{mi} 为成分 i 脂肪酸的相对分子质量；M_{ei} 为成分 i 脂肪酸甲酯的相对分子质量，mg；f_m 为相对质量校正因子。

第6章
食品掺伪物质检测技术

　　食品掺伪是食品掺杂、掺假和伪造的总称。食品掺杂是指在食品中非法加入非同一种类或同一种类的劣质物质。所掺入的杂物种类多、范围广,但可通过仔细检查从感官上辨认出来,如粮食中掺沙石等。食品掺假是指向食品中非法掺入物理性状或形态相似的非同种物质,该类物质仅凭感官不易鉴别,需要借助仪器、分析手段和有鉴别经验的人员综合分析确定,如味精中掺食盐、纯牛乳兑水等。食品伪造是指人为地用一种或几种物质经加工仿造,充当某种食品销售的违法行为,如用低档白酒勾兑后,以高档品牌白酒销售等。

　　掺伪食品对人体健康的危害取决于添加物的理化性质,主要分为以下几种情况。

　　(1)添加物属于低价食品原料。这些添加物一般不会对人体产生急性损害,但食品的营养价值降低,损害消费者的利益。常见的有蜂蜜中掺入蔗糖、藕粉中混入薯粉、鲜乳中兑入豆浆、乳粉中掺入糊精等。

　　(2)添加物是杂物。人食用后,可能对消化道产生刺激和伤害。如面粉中掺入沙石等杂质,紫菜中掺入黑塑料。

　　(3)添加物具有一定的毒害作用,或者具有蓄积毒性。如面粉中非法添加吊白块,用尿素浸泡豆芽等。

　　随着政府加强监管、消费者维权及健康意识的增强,人们对食品掺伪物质检测要求日益强烈。虽然食品掺伪现象会越来越少,但由于目前食品市场管理还有待完善,生产及销售厂家职责不强,食品掺伪的方式更加隐蔽多样,给食品掺伪物质检测带来了诸多难题。在进行食品综合鉴别前,除应向有关单位或个人收集食品的有关资料,如食品的来源、保管方法、储存时间、配料组成、包装情况等,为科学鉴别奠定基础外,掌握并了解目前的食品掺伪物质的快速简便的检测技术也是十分必要的。

6.1 粮油制品掺伪物质检测技术

6.1.1 大米的感官检测与掺伪检测

6.1.1.1 大米的感官检测

参照表 6-1 可以进行大米质量感官鉴别。

表 6-1　大米质量感官鉴别

参照标准	大米等级		
	优质	次质	劣质
色泽	清白色或精白色,有光泽	白色或微淡黄色,透明度差	色泽差,呈绿色、黄色、灰褐色
外观	大小均匀,坚实丰满,粒面光滑、完整	饱满程度差,碎米较多,有爆腰、腹白	有结块、发霉现象
气味	正常的香气味,无其他异味	微有异味	霉变气味、酸臭味、腐败味及其他异味
滋味	味佳,微甜,无任何异味	乏味或微有异味	酸味、苦味及其他不良滋味

6.1.1.2 糯米中掺大米检测

1.感官检查法

糯米为乳白色,籽粒胚芽孔明显,粒小于大米粒;大米为青白色半透明,籽粒胚芽孔不明显,粒均大于糯米粒。

2.加碘染色法

糯米淀粉中主要是支链淀粉,大米淀粉中含直链淀粉和支链淀粉,该法以不同淀粉遇碘呈不同的颜色为依据进行鉴别。糯米呈棕褐色,大米呈深蓝色。

如需定量,则可随机取样品少量按操作进行,染色后倒出米粒,将大米挑出,可计算掺入率。

6.1.1.3 大米涂油、染色的检测

1. 涂油大米的识别(用矿物油抛光)

涂油大米用手摸时,手上没有米糠面;把大米放进温开水里浸泡,水面上会浮现细小油珠。

2. 染色大米的识别

染色大米用手摸时有光滑感,手上没有米糠面;用清水淘米时,颜料会自动溶解脱落,等水变混浊后即显出大米本来面目。

6.1.1.4 霉变米的检测

若粮食的储存、运输管理不善,在水分过高、温度高时就极易发霉。大米、面粉、玉米、花生和发酵食品中,主要是曲霉、青霉,个别地区以镰刀菌为主。有人将霉变米掺到好米中销售,或将霉变米漂洗之后销售。

1. 感官检查

霉变米有霉斑、霉变嗅味,米粒表面有黄、褐、黑、青斑点,胚芽部霉变变色。

2. 霉菌孢子计数和霉菌相检测

菌落培养,并计算菌落总数,鉴定各类真菌。正常霉孢子数计数小于等于 1000 个 / 克;如果在 1000~100000 个 / 克,则为轻度霉变;如果大于 100000 个 / 克则为霉变。不过,该法不适合于经漂洗后的霉变米的检测。

3. 脂肪酸度检测

大米在储藏过程中,所含的脂肪易氧化分解,形成脂肪酸,使大米酸度增大。霉变的大米更容易如此,为此,可以用标准氢氧化钾溶液滴定来计算其脂肪酸度。

6.1.2 面粉的感官检查与掺伪检测

6.1.2.1 面粉的感官检测

参照表 6-2 可以进行面粉质量感官鉴别。

表 6-2　面粉质量感官鉴别

参照标准	面粉等级		
	优质	次质	劣质
色泽	白或微黄,不发暗	暗淡	灰白或深黄色,发暗
外观	细粉末状,捏紧后放松不结团	有粗粒感,生虫或有杂质	结团,易生虫、霉变
气味	无异味	微有异味	有霉味、酸味
滋味	可口、淡而微甜	淡而乏味,咀嚼有砂声	苦味、酸味、甜味,刺喉感

6.1.2.2 面粉掺大白粉、石膏或滑石粉检测

为了达到增白、增重的目的,有些不良商贩会在面粉中掺入大白粉、石膏或滑石粉。通常,小麦的矿物质(灰分)的含量平均为 1.0%。无论掺入任何一种都会使灰分增加,根据灰分的增加,可推算掺入量。可以通过在灰分中测 SiO_2、Ca^{2+}、SO_4^{2-}(注意纯面粉也含有一定量的 Ca^{2+}),来定性掺入的物质。

灰分测定:550℃马弗炉中灼烧。如果灰分在 1.5%~2.0% 为可疑,大于 2% 为掺无机物。

二氧化硅定性:正常面粉用该法一般检不出 SiO_2,但掺入大白粉、滑石粉 1% 以上则可检出。

钙离子和硫酸根离子检查:利用氯化钡和草酸铵溶液。灰分中如仅检出钙离子、硫酸根离子,可认为掺石膏。如若同时检出二氧化硅及上述两种离子可认为掺滑石粉或大白粉。

6.1.2.3 面粉掺荧光增白剂检测

荧光增白剂能提高物质的白度和光泽。泛黄物质经荧光增白剂处理后,不仅能反射可见光,还能吸收可见光以外的紫外光并转变为具有

紫蓝色或青色的可见光反射出来。取样品于紫外光线下观察。掺荧光增白剂的面粉产生紫蓝色－蓝色荧光,同时做空白试验。

6.1.2.4 面粉掺吊白块检测

"吊白块"又叫甲醛次硫酸氢钠,是纺织和橡胶工业原料,作漂白剂用,食品禁用。其在加工过程中所分解产生的甲醛,是细胞原浆毒,能使蛋白质凝固,摄入 10g 即可致人死亡。甲醛进入人体后可引起肺水肿、肝、肾充血及血管周围水肿,并有弱的麻醉作用。

步骤:取面条加小倍量水混匀,移入锥形瓶中,瓶中加 1:1 氯化氢,再加 2g 锌粒;迅速在瓶口包一张醋酸铅试纸,观察,同时做空白试验。如果有吊白块,醋酸铅试纸会变为棕黑色。

6.1.3 大豆制品的掺伪检测

6.1.3.1 大豆制品中掺玉米粉检测

大豆味道鲜美,营养丰富,而且具有药理作用。有些商家为了牟取更多的利润,非法往大豆制品中掺玉米粉。

(1)原理。大豆粉的主要成分是蛋白质,淀粉含量较少,而玉米粉的主要成分是淀粉,因此,利用淀粉和碘反应可以检验出是否掺有玉米粉。此方法也可适用于豆制品(如豆腐、豆浆)中掺玉米粉的检验。

(2)步骤。将 1g 样品用少量水调成糊状。另取一烧杯,加入约50mL 水煮沸。将调成的糊样物以细流状注入沸水中,再煮沸约 1min。放冷后,取糊化溶液约 5mL 于试管中,加入数滴 0.01mol/L 碘溶液(将0.12g 碘和 0.25g 碘化钾共溶于 100mL 水中制得)。若为纯大豆粉,则溶液呈淡灰绿色;若含有玉米粉,则溶液为蓝色。

6.1.3.2 大豆与豆粕制豆腐检测

豆腐系用黄豆浸泡磨浆,煮浆,加凝固剂(卤水或石膏)凝固而成的。一些个体作坊用豆粕冒充大豆制豆腐,不仅口感较差,也影响营养。

大豆压出油后为豆粕,所以可以采用脂肪测定法确定是用大豆还是用豆粕制出的豆腐。

6.1.3.3 生熟豆浆检测

豆浆是人们经常饮用的一种营养丰富的食品,但是大豆中含有的皂苷毒素对人体有害,而将豆浆加热至沸会破坏皂苷毒素,因此检查豆浆生熟非常重要。

由于豆浆中的尿酶在适当温度和酸碱度下催化尿素,转化成碳酸铵,而碳酸铵在碱性条件下形成氢氧化铵,因此可用纳氏试剂测定氨。豆浆加热后尿酶会失活。

6.1.4 食用油脂的掺伪检测

在质量好或售价高的油脂产品中掺入质量差或价格低的同种油脂或另一种油脂,如芝麻油中掺入大豆油、菜籽油等是食用油脂掺伪常见的一种方式。在食用油脂中掺入非油脂成分或非食用油,如掺水或米汤、矿物油、桐油、蓖麻油等是食用油脂掺伪的另一种常见方式。

6.1.4.1 橄榄油中掺菜籽油的检测

(1)原理。利用菜籽油中含有的芥酸可以与无水乙醇发生反应的性质来确定橄榄油中是否掺入菜籽油。

(2)步骤。取 1mL 油样于具塞磨口试管中,加入 4mL 无水乙醇,盖塞,70℃水浴,油液清澈。转置于 30℃水浴中观察,记录油液变混浊的时间。变混浊的时间越短,油中菜籽油的掺入量越高。同时做纯橄榄油对照试验。

6.1.4.2 食用油中掺矿物油的检测

矿物油主要是含有碳原子数比较少的烃类物质,食用油中不得掺入矿物油。

(1)原理。食用油能够发生皂化反应,皂化产物溶于水,呈透明溶液;而矿物油不能皂化,也不溶于水,溶液混浊,析出油珠。另外,根据矿物油在荧光灯的照射下会出现天蓝色荧光的特性也可检测是否掺入。

(2)感官鉴别方法。一是看色泽。食油中掺入矿物油后,色泽比纯食油深。二是闻气味。用鼻子闻时,能闻到矿物油的特有气味,即使食油中掺入的矿物油较少,也可使原食油的气味淡薄或消失。三是口试。

掺入矿物油的食油,入嘴有苦涩味。

（3）皂化法检测步骤。吸取 1mL 油样置于磨口锥形瓶中,加入 1mL 60% KOH 溶液和 25mL 无水乙醇,连接冷凝管,水浴回流皂化 5min,皂化时加以振荡。取下锥形瓶,加水 25mL,摇匀。溶液如呈混浊状或有油状物析出,即表示掺有不皂化的矿物油。本法可检验出含量在 0.5% 以上的矿物油。

（4）荧光法检测步骤。取油样和已知的矿物油各 1 滴,分别滴在滤纸上,然后放在荧光灯下照射,若出现天蓝色荧光,表明掺有矿物油。

6.1.4.3 食用油中掺桐油的检测

（1）原理。桐油与浓硫酸发生反应生成深红色固体。随着桐油含量递增,其颜色逐渐加深。

（2）步骤。取 1mL 油样于白瓷皿上,加 1mL 环乙烷,混匀,再加 0.5mL 浓硫酸,观察。若呈现淡黄色→黄色→红色→褐色→黑色的颜色变化,则掺有桐油。同时做正常食用油的对照试验。本法随着桐油含量递增,其颜色逐渐加深,最后变成炭黑色。

6.2　肉制品掺伪物质检测技术

肉类是百姓生活的必需食品。肉类及其制品是营养丰富的动物性食品,是供给人体氨基酸、脂肪酸、无机盐和维生素的重要来源。据统计,国内肉类消费中猪肉占总量的一半以上,其次是禽肉、牛肉、羊肉及其他肉类。

6.2.1 肉类及其制品的感官检测

肉类及其制品伪劣鉴别的主要手段是感官鉴别。在鉴别和挑选肉及其制品时,一般是以外观、色泽、弹性、气味和滋味等感官指标为依据。具体方法:留意肉类制品的色泽是否鲜明,有无加入人工合成色素;肉质的坚实程度和弹性如何,有无异臭、异物、霉斑等;是否具有该类制品所特有的正常气味和滋味。其中注意观察肉制品的颜色、光泽是否有变化,品尝其滋味是否鲜美、有无异味在感官鉴别过程中尤为重要。以下介绍冻猪肉的检测。

冻猪肉是经冷冻加工后的冷冻肉。

(1)分割冻猪肉的感官指标。分割冻猪肉可以从色泽、弹性、气味、煮沸后的肉汤等方面来进行判断(见表6-3)。

表6-3　分割冻猪肉的感官指标

项目	指标
色泽	肌肉色泽鲜红或深红,有光泽,脂肪呈白色或粉白色
弹性	冷冻良好,肉质紧密,有坚实感
气味	应有猪肉的固有气味,无异味
煮沸后的肉汤	透明澄清,脂肪团聚于表面,特有香味

(2)冻猪肉质量优劣的感官鉴别。冻猪肉质量优劣可以参照表6-4进行判断。

表6-4　冻猪肉质量优劣的感官鉴别

指标	良质冻猪肉(解冻后)	次质冻猪肉(解冻后)	变质冻猪肉(解冻后)
色泽	肌肉色红,均匀,具有光泽,脂肪洁白,无霉点	肌肉红色稍暗,缺乏光泽,脂肪微黄,可有少量霉点	肌肉色泽暗红,无光泽,脂肪呈污黄或灰绿色,有霉斑或霉点
弹性	肉质紧密,有坚实感	肉质软化或松弛	肉质松弛
黏度	外表及切面微湿润,不黏手	外表湿润,微黏手,切面有渗出液,但不黏手	外表湿润,黏手,切面有渗出液且黏手
气味	无臭味、无异味	稍微有氨味或酸味	有严重的氨味、酸味或臭味

6.2.2 肉类及其制品掺伪的快速检测

6.2.2.1 肉制品中掺食盐的检测

咸肉作为肉类加工的一个品种,深受消费者欢迎,内含一定的食盐是正常的。但不良商贩将盐溶解后,用注射器将其注入新鲜肉中,以保水增重牟取不当利益。这种肉从外表观察难以鉴别,但切开后可见局部肌肉组织脱水,呈灰白色。此种肉多见于前腿、后腿等肌肉较厚的部位。

(1)原理。样品中的氯化钠采用热水浸出法或炭化浸出法浸出,以铬酸钾为指示剂,氯化物与硝酸银作用生成氯化银白色沉淀。当多余的硝酸银存在时,则与铬酸钾指示剂反应生成红色铬酸银,指示反应达到终点。根据硝酸银溶液的消耗量,计算出氯化物的含量。

(2)步骤。

①样品预处理。样品可以采用热水浸出法或炭化浸出法进行预处理。

热水浸出法:准确称取切碎均匀的样品10.0g,置于100mL烧杯中。加入适量水,加热煮沸10min,冷却至室温。过滤入100mL的容量瓶中,用温水反复洗涤沉淀物,滤液一起并入容量瓶内,冷却,用水定容至刻度,摇匀备用。

炭化浸出法:准确称取样品5.0g,置于100mL瓷蒸发皿内,用小火炭化完全,用玻璃棒轻轻研碎炭粉。加入适量水,用小火煮沸后,冷却至室温,过滤入100mL容量瓶中,并以热水少量多次洗涤残渣及滤器。洗液并入容量瓶中,冷却至室温后用水定容至刻度,摇匀备用。

②滴定。准确吸取滤液10~20mL(视样品含量多少而定)于150mL三角瓶内。加入5%铬酸钾溶液1mL,摇匀,用0.1mol/L硝酸银标准液滴定至出现橘红色即为终点。同时做空白试验。

6.2.2.2 畜禽肉掺水的鉴别检测

视检:注水后的猪肉,肌肉缺乏光泽,吊挂的肉甚至有水淌下;此外,注水肉发肿、发胀、表面色淡,且非常湿润。

触检:注水后的猪肉,手触弹性差,亦无黏性。

刀切检查:注水肉的肌纤维肿胀粗乱,结构不清,有大量水分和渗出液。

浸润检查:用卫生纸贴在刚切开的切面上,新鲜的猪肉,纸上没有明显的浸润;注水的猪肉则有明显的湿润。

卷烟纸法:用卷烟纸贴在瘦肉上,过一会揭下,用火柴点燃卷烟纸有明火的,说明纸上有油,肉没有注水;反之为注水肉。

6.2.2.3 牛肉与马属畜肉的检测

（1）原理。马、驴、骡等马属畜肉中含糖原较多,而牛肉中糖原含量很低,加入碘溶液进行定性检测,以鉴别牛肉与马属畜肉。

（2）步骤。称取 50g 剪碎的肉样于烧杯中,加入 5% KOH 溶液 50mL,置沸水浴上充分煮化并不断搅拌,冷却后过滤。吸取 19mL 滤液,再加入 1mL 浓 HNO_3（密度 1.39~1.40kg/L）,振摇 1min 后过滤。取滤液 1mL 加入小试管底部,不要触及管壁,然后沿管壁缓慢加入 1mL 0.5% 的碘溶液于滤液上,15min 后观察两液面交界处的颜色。若交界处呈现黄色,即为牛肉;若是马肉,起初呈现黄色,继而在黄色层下出现紫红色环;驴肉和骡肉起初也呈现黄色,继而在黄色层下出现淡咖啡色环。

6.2.2.4 绵羊肉与山羊肉的检测

山羊肉与绵羊肉可通过感官及开水试验的方法加以鉴别。

感官鉴别:绵羊肉黏手,山羊肉发散不黏手;绵羊肉的肉毛卷曲,山羊肉的硬直;绵羊肉的肌肉纤维细短,山羊肉纤维粗长。

开水检测:将绵羊肉切成薄片,放到开水里,形状不变,舒展自如;而山羊肉肉片放在开水里,立即卷缩成团。根据这种特点,在测羊肉时多不用山羊肉。

6.2.2.5 过期肉的快速检测

（1）原理。屠宰后的牲畜,随着血液及氧供应的停止,肌肉内的糖原由于酶的作用在无氧条件下产生乳酸,致使肉的 pH 下降。经过 24 小时后,肉的 pH 从 7.2 下降到 5.6~6.0。当乳酸生成一定量时,则促使三磷酸腺普迅速分解,形成磷酸,因而肉的 pH 可继续下降至 5.4。随着时间的延长或保存不当,肉中有大量腐败微生物生长而分解蛋白质,产生胺类等臭味物质,致使肉的 pH 升高。因此,检测肉的 pH 不仅能快速判定肉的新鲜度,而且可判断在新鲜肉内是否添加了过期肉或变质肉。

（2）步骤。健康牲畜肉的 pH 为 5.8~6.2;次鲜肉的 pH 为 6.3~6.6;变质肉的 pH 在 6.7 以上。用洁净的刀将精肉的肌纤维横断剖切,但不将肉块完全切断。取一条 pH 在 5.5~9.0 的试纸,以其长度的 2/3 紧贴肉面,合拢剖面,夹紧试纸条。5min 后取出与标准色板比较,直接读取 pH 的近似数值。

6.3　乳制品掺伪物质检测技术

6.3.1 奶粉、牛乳的感官检测

手捏:袋装奶粉,用手指捏住袋来回摩擦,真奶粉质地细腻,发出 "吱吱"声,而假奶粉,由于拌有白糖、葡萄糖,颗粒较粗,有"沙沙"声。

可以参照表 6–5 进行牛乳质量感官鉴别。

表 6–5　牛乳质量感官鉴别

	色泽	状态	气味	滋味
新鲜	乳白色或稍带微黄色	均匀的乳浊液,有一定的黏度	正常的牛乳应有天然的乳香	可口且稍甜
略不新鲜	色泽灰白发暗	均匀,无凝块,有颗粒状沉淀或少量脂肪析出	香味较淡或略有异味	略有异味
不新鲜	白色凝块或明显带有浅粉红色或黄色斑点	稠而不匀,上部出现清液,下层有豆腐脑状物质	有酸味、鱼腥味、饲料味、酸败臭味等异常气味	酸味、咸味、苦味、涩味

当然还有其他检测方法可以判断牛乳的新鲜程度。

水试:往盛清水的碗内滴几滴牛乳,如果乳汁凝固沉淀,说明是新鲜牛乳,如果乳汁漂浮在水面上且分散开,说明其质量差。

煮沸实验:牛乳中的蛋白质在一定酸性物质的存在下,加热会凝固。煮沸后若有凝块或絮片状物产生,表示牛乳已经变质。

酒精试验:牛乳中的蛋白质在酸性条件下,遇到酒精会出现絮片状凝固现象,由此可以判断牛乳的新鲜程度。无絮状沉淀出现的牛乳为新鲜牛乳。

6.3.2 牛乳中掺水的检测

牛乳掺水后相对密度降低,并且牛乳酸度、蛋白质、脂肪、乳糖等指标也相应降低。用乳稠计测定牛乳相对密度,是我国在鲜乳收购中最常用的一种检测方法,它具有快速、简便、成本低廉的特点。

6.3.2.1 原理

正常牛乳的相对密度在 20℃ 时应为 1.028~1.032,每加入 10% 的水可使相对密度降低 0.0029。因此,用乳稠计检测牛乳相对密度,从而判断牛乳是否掺水(见图 6–1)。

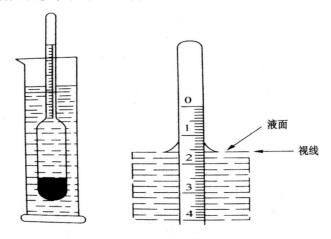

图 6–1　乳稠计的使用

牛乳的相对密度应在 20℃ 下测定。如果不在 20℃ 下测定,则必须加以校正,校正值的计算方法为:校正值 =(实测温度 –20)× 0.0002。此种校正方法只限于实测温度在(20 ± 5)℃。牛乳在 20℃ 下的相对密度应为实测密度与校正值的代数和。

6.3.2.2 步骤

取混匀乳样,小心倒入干燥洁净的 250mL 量筒中,注意不要产生泡沫。将乳稠计小心放入量筒中,任其自由浮动,但不要与量筒壁接触。待乳稠计平稳后读数。

6.3.2.3 计算

乳稠计有 20℃ /4℃ 和 59℃ /15℃ 两种,二者的计算方法不同。

(1)用 59℃ /15℃ 乳稠计测定时,计算公式为:

牛乳相对密度 =1+0.001× 乳稠计读数 +(实测温度 –20)× 0.0002

(2)用 20℃ /4℃ 乳稠计测定时,计算公式为:

牛乳相对密度 =1+0.001×(乳稠计读数 +2)+(实测温度 –20)× 0.0002

结果判定:正常牛乳的相对密度为 1.028,加水 10%、30% 时相对密度分别为 1.026、1.020。

6.3.3 牛乳掺中和剂的检测

有些人为了降低牛乳酸度以掩盖牛乳的酸败,防止牛乳因酸败而发生凝固结块现象,在牛乳中加入少量碳酸氢钠、碳酸钠等中和剂。牛乳掺中和剂的检测方法主要有溴麝香草酚蓝法和灰分碱度滴定法,前者适合加入较多中和剂而呈碱性的牛乳样品,后者适合加入微量中和剂的牛乳样品。

6.3.3.1 溴麝香草酚蓝法

(1)原理。溴麝香草酚蓝是一种酸碱指示剂,变色范围 pH[6.0(黄色)~7.6(蓝色)]。将溴麝香草酚蓝加入牛乳样品中,若牛乳掺入中和剂时,溶液颜色发生改变。

(2)步骤。取牛乳 5mL 于试管中,倾斜试管,沿管壁小心加入质量分数为 0.04% 的溴麝香草酚蓝乙醇液 5 滴,小心斜转 3 次,然后垂直,2min 后观察两液界面环层的颜色。界面环层呈绿 – 青色为掺中和剂的乳样。同时做正常牛乳试验。

6.3.3.2 灰分碱度滴定法

(1)原理。正常牛乳的灰分碱度(以 Na_2CO_3 计)为 0.025%,超过此值可认为掺入了中和剂。

(2)步骤。吸取牛乳 20mL,放入镍坩埚中,放在沸水浴上蒸发至干。移至电炉上加热灼烧至完全炭化,再移入高温炉中,在 550℃ 下灰化完全,取出坩埚冷却。加入 50mL 热水浸渍,使颗粒溶解,浸出液滤入三角瓶中,用热水反复洗涤,合并洗滤液。加1%酚酞指示液,用0.1mol/L盐酸标准溶液滴定至溶液红色消失,记录盐酸标准溶液的用量。

6.3.4 牛乳中掺淀粉、米汤的检测

（1）原理。米汤中含有淀粉,其中直链淀粉可与碘生成稳定的蓝色络合物。

（2）步骤。首先,配制碘溶液,即2.0g碘和4.0g碘化钾在蒸馏水中溶解,并定容至100mL。然后,取5mL乳样注入试管中,稍煮沸。待冷却后,加入2~3滴碘溶液。若出现蓝色或蓝青色,则可判断有淀粉或米汤掺入。

6.3.5 牛乳中掺其他物质的检测

6.3.5.1 掺入芒硝的检测

鉴定硫酸根离子。在一定量的牛乳中,加入氯化钡与玫瑰红酸钠时生成红色的玫瑰红酸钡沉淀。如果牛乳中掺有芒硝,则Ba^{2+}与SO_4^{2-}反应生成硫酸钡白色沉淀,并且被玫瑰红酸钠染色显现黄色。

6.3.5.2 掺亚硝酸盐或硝酸盐的检测

为了增加掺水的比重,加入亚硝酸盐或硝酸盐可能引起中毒。

亚硝酸盐:在弱酸的条件下与对氨基苯磺酸重氮化后,再与N-1-萘基乙二胺偶合形成紫红色染料,与标准比较定量。

硝酸盐:样品通过镉柱将硝酸盐还原成亚硝酸盐后再测定亚硝酸根离子的量,减去本来的亚硝酸盐的量,可得硝酸盐的含量。

6.3.5.3 掺蔗糖的检测

为增加相对密度,一些商贩还会在牛乳中掺入蔗糖。可以用蒽酮法、间苯二酚法等检测蔗糖。

（1）蒽酮法。

①原理。蔗糖与蒽酮试剂反应生成蓝绿色化合物。

②步骤。取乳样10mL于试管中,加蒽酮试剂2mL,混匀,5min内观察颜色变化。同时做正常乳试验。呈绿色为掺蔗糖。

（2）间苯二酚法。

①原理。蔗糖与间苯二酚反应生成红色化合物。

②步骤。取乳样 10mL 于试管中，加浓 HCl 2mL，混匀，加间苯二酚 0.1g，混匀，置水浴（80℃）中加热 3min 后观察颜色变化。同时做正常乳试验。呈红色为掺蔗糖，可检出 0.2% 含量。正常乳呈橘黄色。

6.3.5.4　掺豆浆的检测

（1）原理。牛乳中掺入豆浆，相对密度和蛋白质含量都在正常范围内，不能用测定相对密度和蛋白质含量的方法来检测。可用皂角素显色法、脲酶检测法、检铁试验法等。以皂素显色法为例。皂素可溶解于热水或热乙醇，并与氢氧化钾反应生成黄色化合物。

（2）步骤。取被检乳样 20mL，放入 50mL 锥形瓶中，加乙醇、乙醚（1:1）混合液 3mL，混入后加入 25% 氢氧化钠溶液 5mL，摇匀，同时做空白试验。参照的新鲜牛乳应呈暗白色，试样呈微黄色，表示有豆浆掺入。本法灵敏度不高，当豆浆掺入量大于 10% 时才有反应。

6.3.5.5　防腐剂的检测

牛乳在储藏或运输过程中，如果不冷藏，微生物就会大量繁殖，从而导致牛乳变质。因此，有些商家常非法加入甲醛、硼酸、水杨酸等有害防腐剂。鲜奶中加防腐剂会对奶中的营养成分造成破坏，也会对乳制品的口感造成不良影响，有些甚至给掺假检测工作带来干扰，如焦亚硫酸钠。

甲醛的检测：取样品 7mL，加 pH 为 6 的乙酸 – 乙酸铵缓冲溶液 2mL，再加乙酰丙酮 1mL，振荡，离心 5min，除去蛋白质后，在 412nm 处用分光光度计比色。

硼酸和硼酸盐的检测：用姜黄试纸显色。

6.3.5.6　以复原乳代替生鲜牛乳的检测

一些不良商贩将奶粉掺水勾兑成液体乳，以生鲜牛乳的名义销售，欺骗消费者。牛奶在受热过程中发生美拉德反应，其中的蛋白质与糖反应会生成糠氨酸这一特定产物，当乳制品中糠氨酸含量高于一定值时则可鉴定为含有复原乳。可以采用高效液相色谱法测定乳品中糠氨酸的含量。

6.4　水产品掺伪物质检测技术

水产食品一般指鱼类、甲壳类、贝壳类、海藻类等鲜品及其加工制品。可按生长的水域不同,分为海产食品和淡水产食品两大类。水产食品是营养价值较高的一种动物性食品,含有较多的蛋白质、维生素 A、维生素 D、矿物质和脂肪等营养成分,因其肉质细嫩,味道鲜美,易被人体消化吸收,深受人们的喜爱。

水产品体内酶的活性很强,而且在较低的温度下仍呈现较强的活性。健康活鱼的肉本身是无菌的,但由于生活在有菌环境中,鱼的体表、鳃、消化道等与水接触的部位均有一定数量的微生物存在,加上水产品本身含有较高的蛋白质和水分,一旦条件适宜,细菌就会大量生长繁殖,侵入鱼体肌肉组织,分解组织中的蛋白质、脂肪、碳水化合物,致使水产品腐败变质。

6.4.1 污染鱼虾的鉴别

对于长期生活在污水或农药含量较高的水中的鱼虾,仔细观察可加以鉴别。

色泽鉴别:长期生活在污水中的鱼虾,鳞片颜色较暗,光泽度较差;鱼鳃呈暗紫色或黑红色。

气味鉴别:污染鱼虾的异味大,尤其是口、鳃等处。

形态鉴别:正常的鱼死后,鱼嘴容易被拉开,其腰鳍紧贴鱼腹,鱼鳍的颜色呈鲜红或淡红色;被农药毒死的鱼,鱼嘴不容易被拉开,腰鳍是张开的,鱼鳍颜色呈紫红或黑褐色。

6.4.2 天然海蜇与人造海蜇的鉴别

人造海蜇是以褐藻酸钠、明胶等为主要原料制成的,其色泽微黄或呈乳白,脆而缺乏韧性,牵拉时易断裂,口感粗糙并略带涩味。

天然海蜇经盐腌制后,外观呈乳白色或淡黄色,色泽光亮,表面湿润而有光泽,质地坚实,牵拉时不易折断,其形状呈自然圆形,无破边,无污秽物,无异味。

6.4.3 蟹肉与人造蟹肉的鉴别

鳕鱼肉、梭鱼肉等在聚焦光束照射下,能显示出明显的有色条纹。而蟹肉及虾肉则不产生此现象。

步骤:将样品涂抹在载玻片上,上面再盖一个相同的载玻片,两端扎紧。将载玻片置于尼科拉斯发光器发出的光束下,样品如果是鳕鱼或其他鱼肉加工的,或者掺有其他鱼肉,则会显示出有色条纹或图案。而未掺入鱼肉的蟹肉则无此现象。

6.4.4 过期鱼肉的快速检测

新鲜鱼肉为弱酸性,若存放不当,时间一长,在微生物及自身酶的作用下蛋白质被分解,放出氨和胺类等物质,甚至有硫化氢等成分,会使鱼肉及相关制品逐渐趋于碱性,pH 升高,并有异味。测定鱼肉及相关制品的氨气、pH、硫化氢等指标,不仅可快速判定其新鲜度,也可初步判断新鲜的鱼肉及制品中是否添加了过期或变质的鱼肉及相关制品。

6.4.4.1 pH 的测定

(1)原理。水产品变质会产生胺类物质,使 pH 升高。判断标准为:新鲜鱼的 pH 为 6.5~6.8,次鲜鱼的 pH 为 6.9~7.0,变质鱼的 pH 在 7.1 以上。

(2)步骤。用洁净的刀将鱼肉依肌纤维横断剖切,但不完全切断。撕下一条 pH 试纸,以其长度的 2/3 紧贴肉面,合拢剖面,夹紧纸条。5min 后取出与标准色板比较,直接读取 pH 的近似数值。

6.4.4.2 氨的测定

(1)原理。变质鱼产生的氨与爱贝尔试液反应生成 NH_4Cl,呈现白色雾状。

(2)步骤。取一块蚕豆大的鱼肉,挂在一端附有胶塞而另一端带钩的玻璃棒上。吸取 2mL 爱贝尔试液(25% 盐酸 1 份,无水乙醚 1 份,96% 乙醇 3 份,混匀),注入试管内,稍加振摇。将玻璃棒带钩一端放入试管内,勿接触管壁,检样距离液面 1~2cm 处。迅速拧紧胶塞,立即在黑色背景下观察,看试管中检样周围的变化。

结果判定:新鲜鱼无白色雾状物出现。次鲜鱼在取出检样并离开试管的瞬间,有少许白色雾状物出现,但立即消散;或在检样放入试管中,数秒后才出现明显的雾状。变质鱼检样放入试管后,立即出现白色雾状物。

6.5 蜂蜜掺伪物质检测技术

6.5.1 蜂蜜中掺蔗糖的检测

(1)原理。蔗糖与间苯二酚反应,产物呈红色;与硝酸银反应,产物不溶于水。

(2)步骤。方法一:取蜂蜜样品 2 份(各 1g),分别置于 A、B 两支试管中,各加水 4mL,混匀。其中 A 试管中加入 2% $AgNO_3$ 溶液 2 滴,B 试管中加入 1% $AgNO_3$ 溶液 2 滴,观察有无白色絮状物产生。A 管若有白色絮状物产生,蔗糖含量疑为 1% 以上;B 管若有白色絮状物产生,蔗糖含量疑为 4% 以上。方法二:取蜂蜜 2g 于试管中,加入间苯二酚 0.1g。若呈现红色则说明掺入了蔗糖。同时做空白试验。

6.5.2 蜂蜜中掺淀粉类物质的检测

(1)原理。利用淀粉和碘反应产物呈蓝紫色的性质,可以检测出蜂蜜中是否掺有淀粉类物质。蜂王浆中掺淀粉检测也可用本法。

(2)试剂。0.5% 淀粉溶液、碘溶液(称取 1g 碘、2g 碘化钾,加入 300mL 水)。

(3)步骤。取 10g 蜂蜜,加入 20mL 蒸馏水,混合均匀后分成 2 份倒入试管中,各加入 0.5% 淀粉溶液 1 滴,1 管于 45℃水浴中加温 1h,然后滴加碘液于 2 支试管中,比较所产生的颜色。真正的蜂蜜含有淀粉酶能将淀粉分解,呈深蓝色(观察颜色,以加入碘液时立即呈现的色泽为准)。

6.5.3 蜂蜜中掺羧甲基纤维素钠的检测

(1)原理。羧甲基纤维素钠不溶于乙醇,与盐酸反应生成白色羧甲基纤维素沉淀;与硫酸铜反应产生浅蓝色绒毛状羧甲基纤维素沉淀。

(2)步骤。方法一:称取 10g 蜂蜜样品于烧杯中,加入 95% 的乙醇溶液 20mL,充分搅拌约 10min,析出白色絮状沉淀物。取白色沉淀物 2g 于烧杯中,加入加热蒸馏水 100mL,搅拌均匀,冷却备检。方法二:取上清液 30mL 于锥形瓶中,加入 3mL 盐酸,若产生白色沉淀则为掺羧甲基纤维素钠的蜂蜜。取上清液 50mL 于另一锥形瓶中,加入 1% $CuSO_4$ 溶液 100mL,若产生淡蓝色绒毛状沉淀则为掺羧甲基纤维素钠的蜂蜜。同时做正常蜂蜜对照试验,正常蜂蜜无上述两种反应现象。

6.5.4 蜂蜜中掺明矾的检测

(1)原理。因明矾中含有 Al^{3+}、K^+、SO_4^{2-},通过分别检测三者来判断蜂蜜中是否掺入明矾。

(2)步骤。称取 3g 蜂蜜样品于烧杯中,加水 30mL,混匀,分别检测 Al^{3+}、K^+、SO_4^{2-}。取烧杯中蜜样 10mL 于试管中,沿管壁加 5mL $NH_3 \cdot H_2O$,放置 30min,管底产生白色沉淀,然后加 2mol/L NaOH 溶液 2mL,振摇,沉淀消失,表明有 Al^{3+} 存在;另取烧杯中蜜样 10mL 于另一试管中,加 0.05% 的 $AgNO_3$ 溶液 5 滴、少量 $Na_3Co(NO_2)_6$ 固体,若呈黄色混浊或沉淀,表明有 K^+ 存在;再另取烧杯中蜜样 5mL,加 5% 的 $BaCl_2$ 溶液 1mL,混匀,产生白色沉淀,加盐酸 5 滴,白色沉淀不溶解,表明有 SO_4^{2-} 存在。同时做纯蜜对照试验,均无上述反应。

第 7 章
食品包装材料和容器中有害物质的检测

　　不同国家给出的包装的定义不尽相同,但其基本含义是一致的。包装是在流通过程中为保护产品,方便储运,促进销售,按一定技术方法而使用的容器、材料及辅助物品的总称;也指为了达到上述目的而在使用容器、材料和辅助物品的过程中施加一定技术方法等的操作活动。食品包装材料对被包装的食品具有保护性,具有合适的阻隔性、稳定性,具有足够的机械强度,能保护食品免受外界环境条件对其造成的危害。例如,防湿、防水、隔气、避光、耐油、耐腐蚀、耐热、抗冲击、抗穿刺等。然而,如果食品包装材料和容器质量不合格,其中含有的物质是会对人体产生危害的。因此,食品包装材料和容器中有害物质的检测非常重要。

7.1 食品包装材质及容器

合适包装的食品便于消费者的选购、携带和使用。包装上的标签说明,如营养成分、食用方法等可指导消费者正确选用食品。各种便于开启食品包装的结构,如罐装婴儿奶粉,其全密封的金属罐结构适于在储运过程中对食品的保护要求(隔绝性),但包装开启后,辅助(配套)的塑料盖及配套的计量匙,既有利于保护食品,又有利于消费者控制婴儿的食用量。

包装是"无声推销员"。销售包装比较显著地突出商品的特征及标志,对顾客(购买者)有足够的吸引力,有利于宣传产品和建立生产企业的形象。尤其是超级商场的日益普及,商品销售几乎全靠包装的美观、大方来吸引顾客。包装的好坏通过包装商品的外部设计、标签、图形、色调、文字、符号、包装材料质量与印刷技术等措施的综合效果反映出来。印刷精美,包装动人,可"先声夺人",引人注目,再加上文字的宣传诱导,使顾客产生购买欲,促进产品销售。

7.1.1 食品包装的分类

食品种类繁多,食品包装的分类方法也有多种。

7.1.1.1 按包装顺序分类

(1)个体包装。个体包装是指对单个食品的包装,即为保护每种食品的形态、质量,或为提高其商品价值,使用适当的材料、容器和包装技术将单个食品包裹起来的方法。由于包装材料直接与食品接触,故对包装材料要求严格。

(2)内包装。内包装是指为防止流通过程中水、湿气、光线、热以及冲击等环境条件对食品的影响或是将分散的个体集合成一个小单元以便销售,而采用适当的包装材料、容器和包装技术把食品包裹起来的方法。

（3）外包装。外包装在流通过程中主要起保护产品、方便运输的作用。一般是指食品或已完成内包装的包装单元装入箱、袋、桶（带盖）、罐等容器中或将个体包装单元直接捆扎起来,加以适当的防护措施,并标明发货标志、易碎、防潮等标志,使其具有一定形态的包装方法。

7.1.1.2 按在流通过程中的作用分类

（1）运输包装。运输包装类似于外包装,通常是将若干个个体包装按规定数量组成一个整体。例如,将软包装饮料组成一纸箱,或采用集装包、集装箱、托盘等集合包装形式。这种包装便于食品长途运输、装卸、暂时存放,可提高商品流通效率、缩短运输时间。

（2）销售包装。这是以销售为主要目的,与食品一起到达消费者手中的包装,具有个体包装和内包装的基本功能。它具有保护、美化、宣传和促进销售的作用。

7.1.1.3 按包装材料和容器性质分类

按包装材料的品种可分为：纸类包装,如纸袋、纸盒、纸罐、纸箱（桶）和瓦楞纸箱等；金属包装,如马口铁、镀铬钢板、铝和铝合金板等材料包装；玻璃和陶瓷包装,如玻璃瓶（罐）、陶瓷等；木材、塑料和复合材料包装。

按包装容器的使用次数可分为：一次性包装,如纸、塑料、金属、复合材料构成的容器；复用性包装,如可直接清洗、消毒、灭菌再使用的玻璃瓶。有些包装材料或容器使用后,可经一系列加工制成新的包装材料,如纸收回制浆、铝和玻璃再熔炼、某些塑料再塑化等。

7.1.1.4 按包装食品的状态和性质分类

包装按食品的状态可分为液体包装和固体包装,如饮料、酒、食用油、酱油等液体食品,可用小口的瓶（塑料或玻璃）、罐、桶或袋等包装。固体食品的包装种类有很多,粉状、颗粒状、块状等食品,一般采用袋、盒及广口的瓶、罐、桶等包装。

7.1.2 塑料包装材料及容器

7.1.2.1 食品包装常用塑料

塑料包装材料品种很多,这节我们只介绍食品包装中应用较多的十个品种,包括聚乙烯、聚丙烯、聚苯乙烯、聚氯乙烯、聚酰胺、聚乙烯醇、聚酯、聚碳酸脂及离子型聚合物等。

（1）聚乙烯(PE)。聚乙烯是由乙烯单体在一定条件下聚合而成的高分子化合物,具有良好的化学稳定性,常温下与一般酸碱不发生作用,耐油性稍差;阻水阻湿性好,但阻气和阻有机蒸汽性能差;耐低温性好,柔韧性好,其薄膜在 $-40\,℃$ 仍能保持柔软性;加工成型方便,热封性能好,卫生安全性高。它的缺点是耐高温性能差,不能用于高温杀菌食品的包装,光泽透明度不高,印刷性能差。由于合成条件不一样,产物有差异,主要有高密度聚乙烯(HDPE)、低密度聚乙烯(LDPE)、中密度聚乙烯(MDPE)、线性低密度聚乙烯(LLDPE)、超高分子量聚乙烯(UHMW–PE)。

由于密度越高,结晶度越高,水蒸气及油脂的渗透率就越低,高密度聚乙烯多用于制成瓶、罐、桶、箱等多种包装容器以及对温度和耐热性要求高的包装薄膜,如酱油、醋包装袋及蒸煮袋内层热封等。低密度聚乙烯透明,柔韧性好,在包装上主要制成薄膜用于防潮食品的包装、生鲜果蔬的保鲜包装、冷冻食品的包装、热收缩包装,大量用于复合材料的耐热层,也用作塑料制品及泡沫缓冲材料。

（2）聚丙烯(PP)。聚丙烯为世界上产量最大的塑料品种,是由丙烯单体聚合而成的高聚物,它是无色、无味、无毒、可燃的带白色蜡状的颗粒材料。PP 膜是一种光学特性好、抗张强度和耐穿刺强度高的透明光亮薄膜。PP 塑料可制成热收缩膜进行热收缩包装,广泛用于小口瓶、广口瓶、脆硬性包装、饼干裹包薄膜、连袋煮沸食品包装袋的制造,还可制成各种形式的捆扎绳、带,在食品包装上使用。

（3）聚苯乙烯(PS)。聚苯乙烯是由苯乙烯单体加聚合成,是世界上第三大塑料品种。PS 塑料在包装上主要制成透明食品盒、水果盘、小餐具等;PS 塑料薄膜用于生鲜果蔬的保鲜包装;PS 发泡后可作缓冲材料,可作防水、防油、保温的一次性餐具,但因其毒性和环境污染,逐渐被环保型餐具取代。

（4）聚氯乙烯（PVC）和聚偏二氯乙烯（PVDC）。PVC 树脂耐高低温性差，阻湿性比 PE 差，但其化学稳定性优良，可塑性强，透明度高，易着色印刷，耐磨、阻燃以及对电绝缘。PVC 树脂本身无毒，但其中的残留单体氯乙烯有麻醉和致畸致癌作用。PVC 可用于啤酒瓶盖和饮料瓶盖的滴塑内衬，吹塑 PVC 瓶用于调味品、油料及饮料等包装以代替玻璃瓶。PVC 薄膜有较低的水汽透过性和较高的二氧化碳透过性，可用于气调保鲜包装。

聚偏二氯乙烯是由偏二氯乙烯聚合而成的高分子化合物，对气体、水蒸气有很强的阻隔性，耐高低温性良好，化学稳定性好，具有较好的粘接性、透明性、保香性，但热封性较差，成型加工困难，价格较高。优越的阻隔性使其广泛用作聚烯烃类包装材料的高隔绝性涂料或制成复合薄膜，以延长食品的保质期。用 PVDC 涂布的塑料薄膜特别适合作为对氧敏感及长期保存的食品、医药品的包装材料。

普通 PVDC 薄膜可耐热水加热而不影响其隔绝性，但其热收缩率较高，在 100℃时收缩率达 25%～30%。这种特性使 PVDC 薄膜大量应用于香肠、火腿包装以代替天然肠衣；高收缩型 PVDC 膜热收缩率达 45%～50%，一般不用于加热杀菌，而用于真空包装材料或作为外包装材料用。

（5）聚酰胺（PA）和聚乙烯醇（PVA、PVA1 或 PVOH）。聚酰胺俗称尼龙（NY），是一类在主链上含有许多重复酰胺基团的聚合物。PA 以薄膜形式用于食品包装，特别是油性食品、高温蒸煮食品和冷冻食品（多是复合形式），也可用于农药、化学试剂等的包装。

PVA 薄膜可直接用于包装含油食品和风味食品，多与阻湿性材料复合而成为阻气阻湿型复合材料，大量用于肉类制品如香肠、烤肉、切片火腿等包装，也可用于黄油、干酪及快餐食品的包装。利用其可溶性可作为农药、化学药品等化学物品的计量包装。

（6）聚酯（PET）。包装上所用的聚酯一般指聚对苯二甲酸乙二醇酯，俗称涤纶。PET 薄膜适用于包装冷冻食品和蒸煮食品，可通过真空镀铝以代替铝箔，大量用于饮料包装，也可制作耐高温的可烘烤纸盘。

（7）聚碳酸酯（PC）。聚碳酸酯是指分子链中含有碳酸酯（-ORO-CO-）的一类高分子化合物，有很好的透明性和机械性能，尤其是低温抗冲击性能。印刷性较好，便于与纸、铝材料加工成复合材料。虽然 PC 价高，妨碍它在包装材料中的应用，但在要求高坚韧度和高软化温度

（133℃）的情况下，它是一种理想材料。

（8）离子型聚合物。离子型聚合物是一种离子键交联大分子的高分子化合物。它是在乙烯和丙烯酸等的聚合物主键上引入金属离子如钠、钾、锌、镁等进行交联而得到的产品。以薄膜形式用于包装可用作普通包装、热收缩包装、弹性包装，也可做复合材料的热封层，也适于带棱角食品和油性食品包装。

7.1.2.2 塑料包装容器

食品包装常用塑料瓶有硬质 PVC 瓶、PE 瓶、PET 瓶、PS 瓶、PC 瓶、PP 瓶等。

塑料周转箱具有体积小、重量轻、美观耐用、易清洗、耐腐蚀、易成型加工和使用管理方便、安全卫生等特点，被广泛用作啤酒、汽水、生鲜果蔬、牛奶、禽蛋、水产品等的运输包装。塑料周转箱所用材料大多是 PP 和 HDPE。

塑料瓦楞箱是利用钙塑料材料优越的防潮性能，来取代部分特殊场合的纸箱包装而发展起来的一种包装。钙塑料材料是在 PP、PE 树脂中加入大量的填料如碳酸钙、硫酸钙、滑石粉等及少量助剂而形成的一种复合材料。

塑料编织袋是指用聚烯烃塑料扁丝编织而成的袋。塑料扁丝主要是以聚丙烯树脂为原料制成，无须缝合倒边，而且省料，所以应用较广。

塑料包装袋有由各类聚乙烯、聚丙烯薄膜制成的单位薄膜袋，如 LDPE 吹塑薄膜、HDPE 吹塑薄膜、聚丙烯膜；有采用多层复合材料薄膜制成的复合薄膜袋，如 PE/PP、NY/PE、PET/PE、NY/A1/PE、NY/A1/CPP 等；以 HDPE 为原材料制成的网眼袋，适于水果、罐头、瓶酒的外包装。

此外，塑料包装容器还有高温杀菌饮料罐（半刚性罐），微波炉、烤箱双用塑料托盘及可挤压瓶等。

7.1.3 橡胶包装材料及制品

7.1.3.1 天然橡胶和合成橡胶

橡胶也是高分子化合物，分为天然橡胶和合成橡胶两种。

（1）天然橡胶。天然橡胶是橡胶树上流出的乳胶，由以异戊二烯为主要成分的单体构成的长链、直链高分子化合物,经凝固、干燥等工序加工成弹性固状物。天然橡胶既不被消化酶分解,也不被细菌和霉菌分解,因此也不会被肠道吸收,可以认为是无毒的物质。但因加工需要,往往会加入橡胶添加剂,这可能是其毒性的来源。

（2）合成橡胶。多由二烯类单体聚合而成,可能存在单体和添加剂毒性。合成橡胶由单体聚合而成,因单体不同可分为以下几种。

①硅橡胶:是有机硅氧烷的聚合物,毒性甚小,常制成奶嘴等。

②丁橡胶(IIR):是由异戊二烯和异丁二烯聚合而成。

③丁二烯橡胶(BR):是丁二烯的聚合物。以上二烯类单体都具有麻醉作用,但未证明有慢性毒性作用。

④丁苯橡胶(SBR):系由丁二烯和苯乙烯聚合而成,其蒸气有刺激性,但小剂量未发现有慢性毒性作用。

⑤丁腈橡胶:是丁二烯和丙烯腈的聚合物,耐油,但其中丙烯腈单体毒性较大,可引起溶血并有致畸作用。美国 FDA 在 1977 年规定,丙烯腈的溶出量不得超过 0.05mg/kg。

⑥氯丁二烯橡胶(CBR):其单体为 1,3- 二氯丁二烯,有关于它可致肺癌和皮肤癌的报道尚有争论。

⑦乙丙橡胶:其单体乙烯和丙烯在高浓度时也有麻醉作用,但未发现有慢性毒性作用。

橡胶添加剂有促进剂、防老化剂和填充剂。促进剂促进橡胶的硫化作用,即使直链的橡胶大分子相互发生联系,形成网状结构,以提高其硬度、耐热性和耐浸泡性。常用的橡胶促进剂有氧化钙、氧化镁、氧化锌等无机促进剂和烷基秋兰姆硫化物等。防老化剂可增强橡胶耐热、耐酸、耐臭氧和耐曲折龟裂等性能。适用于食品用橡胶的防老化剂主要为酚类,如 2,6- 二叔丁基 –4– 甲基苯酚(BHT)等。填充剂主要用的是炭黑,炭黑为石油产品,其含有苯并(a)芘,因此炭黑在使用前要用苯类溶剂将苯并(a)芘提取掉。法国规定炭黑中苯并(a)芘的含量 < 0.01%。

7.1.3.2 橡胶制品

橡胶制成的包装材料除奶嘴、瓶盖、垫片、垫圈、高压锅圈等直接接触食品外,食品工业中使用的橡胶管道对食品安全也会有一定的影响。需要注意的是,橡胶制品接触酒精饮料、含油的食品或高压水蒸气有可能溶出有毒物质。我国规定食品包装材料所用原料必须是无毒无害的,并符合国家卫生标准和卫生要求。有关橡胶制品的卫生质量建议指标见表7-1。

表7-1 我国橡胶制品卫生质量建议指标

名称	高锰酸钾消耗量/（mg/kg）	蒸发残渣量/（mg/kg）	铅含量/（mg/kg）	锌含量/（mg/kg）
奶嘴	< 70	< 40（水泡液）	< 1	< 30
		< 120（4%醋酸）		
高压锅圈	< 40	< 50（水泡液）	< 1	< 100
		< 800（4%醋酸）		
橡皮垫片	< 40	< 40（20%乙醇）	< 1	< 20
		< 2000（4%醋酸）		
		< 3500（己烷）		

7.1.4 纸质包装材料及容器

造纸所用的原料主要是植物纤维,有木材、稻草、竹子、芦苇、棉麻等。操作方法是将各种植物纤维原料通过硫酸盐制浆法或亚硫酸盐制浆法制成纸浆,并添加填料、黏结剂、树脂、染料等助剂,经吸滤、加热烘干成纸。

纸质包装材料包括各种纸张、纸板、瓦楞纸板和加工纸类,可制成袋、盒、罐、箱等容器。纸质包装材料占整个包装材料的40%以上,有的国家达到50%。纸质包装材料之所以在包装领域独占鳌头,是因为其具有如下优点:①原料来源丰富,价格较低廉;②纸容器质量较轻,可折叠,具有一定的韧性和抗压强度,弹性良好,有一定的缓冲作用;③纸容器易加工成型,结构多样,印刷装潢性好,包装适应性强;④优异的复合性,加工纸与纸板种类多,性能全面;⑤无二次环境污染,易回收利用或降解。

7.1.4.1 包装纸

纸和纸板的分类,常依定量或厚度来划分。定量在225g/m² 以下或厚度在0.1mm 以下称为纸。常用的食品包装用纸有牛皮纸、羊皮纸和防潮纸等。

牛皮纸是用未漂硫酸盐木浆生产的高级包装用纸,其色泽呈黄褐色,机械强度高,耐破度较好,具有一定的抗水性,主要作为外包装用纸使用。牛皮纸规格有卷筒纸和平板纸两种。

羊皮纸又称植物羊皮纸或硫酸纸,有较高撕裂强度,抗油性能较好,有较好的湿强度,可用于奶油、油脂食品,新鲜鱼、肉等食品包装,但对金属制品具有腐蚀作用。

防潮纸又称涂蜡纸,具有良好的抗油脂性和热封性,是成本最低的防水纸之一。

此外还有过滤纸用于袋泡茶包装,防霉防菌纸用于新鲜果蔬、食品等的包装,棉纸用于保护水果免受灰尘污染和擦伤,防鼠纸用于粮仓中的防鼠墙等。

7.1.4.2 纸板

定量在 $225g/m^2$ 以上或厚度在 0.1mm 以上的称为纸板。常用的食品包装用纸板有白纸板、黄纸板、箱纸板、瓦楞纸板等。纸板通常用较低级原料制成芯层,用漂白木浆制成面层,为防止灰褐色芯层透到面层上,并为纸板提供表面强度和可印刷性,所有结构层均用热熔型或水合型黏合剂胶合在一起。

白纸板是一种多层结构的白色挂面纸板,表面洁白、平滑,具有良好的印刷性能,适于直接接触食品,常用聚乙烯、聚氯乙烯或蜡涂布以获得热封合能力,常用于冰激凌、巧克力、冷冻食品的包装。

黄纸板又称草纸板,俗称马粪纸,是一种低档包装用纸,主要用作衬垫、隔板,或将印刷好的胶版纸等裱糊在其表面,制成各种中小型纸盒,用于食品、糖果等的包装。

箱纸板是以化学草浆或废纸浆制成,具有较好的耐压、抗拉性能,是制作瓦楞纸箱的主要材料。

瓦楞原纸先被蒸汽软化轧制成瓦楞纸后,用适当的黏合剂与箱纸板复合而成瓦楞纸板,具有强度大、重量轻、便于印刷及造型等特点,可制造纸盒、纸箱,亦可作衬垫用,是主要的纸包装材料。

7.1.4.3 包装纸容器

包装纸容器有纸袋、纸盒、瓦楞纸箱等。瓦楞纸箱是由瓦楞纸板折合而成,是纸板箱容器中用量最大的品种。由于其低廉的价格、良好的保护和防震作用,被大量用于商品的运输包装。瓦楞纸箱装填物品后的封箱方法有黏合剂法和粘胶带封条法。而较重的包装纸箱需用各种捆扎带捆紧,以减少运输过程中的损坏。

7.1.5 金属包装材料及容器

金属作为食品包装材料历史悠久,铁和铝是两种主要的金属包装材料,如镀锡薄钢板(马口铁)、镀铬薄钢板(无锡钢板)、铝和铝箔等。金属包装容器主要有两大类:一类是以铁、铝或铜等为基材的金属板、片加工成型的桶、罐、管等,如饮料罐、啤酒罐、茶叶罐、金属桶、喷雾罐等;另一类是以金属箔制作而成的复合材料容器,如纸铝复合、铝塑复合、真空镀铝容器等。

金属包装材料具有优良的阻隔性能,可以对空气成分、水分、光等完全阻隔,对内容物有良好的保护性能。强度高,可适应流通过程中的各种机械振动和冲击;易加工成型,有利于制罐及包装过程的高速、机械化操作和自动控制;表面装饰性好,表面光泽,可以印刷色彩鲜艳的图文以吸引消费者,促进销售;具有固有的防盗防改动功能,可以回炉再生循环使用,既回收资源,节约能源,又可减少环境污染。但是金属包装材料化学稳定性较差,耐酸、耐碱能力较弱,特别易受酸性食品的腐蚀,需要通过内涂层来保护。此外,金属价格较高,制作成本大,重量较大,运输费用高。

7.1.5.1 常用金属包装材料

(1)镀锡薄钢板。镀锡薄钢板也称马口铁,是两面镀有纯薄锡层的低碳薄钢板。根据镀锡工艺不同,分为热浸镀锡板和电镀锡板。热浸镀锡板镀锡层较厚,耗锡量较多,而且不够均匀;电镀锡板锡层较薄且均匀,分为等厚镀锡板和差厚镀锡板。

镀锡薄钢板中心层为钢基层。从中心向外,依次为钢基层、锡铁合金层、锡层、氧化膜层和油膜层。由于锡化学性质稳定,一般食品可直接用镀锡板罐包装。但锡的保护作用是有限的,腐蚀性较大的食品如番茄酱,含硫量较多的虾蟹等水产类,含硝酸盐、亚硝酸盐等的食品都会对马口铁罐产生腐蚀作用。

（2）镀铬薄钢板。镀铬薄钢板是在低碳薄钢板上镀上一层薄的金属铬,也称无锡钢板、镀铬板。镀铬钢板的结构由中心向表面依次为钢基层、金属铬层、水合氧化铬层和油膜。

镀铬板的铬层较薄,厚度仅 5nm,故价格较低,但其抗腐蚀性能比镀锡板差,常需经内、外涂料后使用。镀铬板对有机涂料的附着力特别优良,适宜于制罐的三片罐底盖和二片拉伸罐。镀铬板不能用锡焊,但可以熔接或使用尼龙黏合剂粘接。镀铬板制作的容器可用于一般食品、软饮料和啤酒包装。

（3）铝质包装材料。铝质包装材料主要指铝合金薄板和铝箔。纯铝的强度和硬度较低,在使用上受到一定限制,往往需在铝中加入适量的硅、铜、镁、锰等元素,制成二元或三元合金,以增强其强度和硬度。其特点为轻便、美观、耐腐蚀性好,用于蔬菜、肉类、水产罐头包装不会产生黑色硫斑,经涂料后可广泛应用于果汁、碳酸饮料、啤酒等食品包装。铝板隔绝性能好,导热率高,对光、辐射热反射率高,具有良好的可加工性,适于各种冷热加工成型,其延展性优于镀锡板和镀铬板,易滚轧为铝箔和深冲成二片罐,常用作易拉罐和各种易拉盖的材料。废旧铝容器易于回收。

（4）镀锌薄钢板。镀锌薄钢板也称白铁皮,由于锌比铁活泼,易形成一层很薄的致密的氧化膜,阻止空气和湿气的侵蚀,故镀锌薄钢材具有一定的耐腐蚀性。镀锌薄钢板多用于制作桶状容器,为了增强其稳定性,常在容器内、外涂上各种性能的涂料,其适用于一般干食品的包装（但不能用于酸性食品的包装）,且多数用于外包装。

7.1.5.2 金属容器

金属容器按其结构常分为三片罐和二片罐,按罐形可以分为圆罐、方罐、椭圆形罐和马蹄形罐等,一般把除圆罐以外的罐称为异形罐。

（1）三片罐。三片罐由罐身、盖、底三部分构成,其形状除圆形罐外,也有梯形罐、方形罐等。三片罐的罐身有接缝,接缝的密封方法有锡焊法、熔焊法、粘接法。罐筒体与盖、底则采用二重卷边法密封,底、盖周边内涂有胶圈,以保证接合部位的密封性。

①锡焊罐。锡焊罐是用熔锡将罐身接缝（踏平后）焊接而制成的食品罐,也称为传统罐（典型罐）,其主要制罐材料是镀锡板。锡焊罐生产效率高、成本低,长期以来一直是食品罐的主要包装形式。但由于锡焊

料含有重金属——铅,容易污染食品,被越来越多国家限制或禁止使用。

②熔焊罐。熔焊罐又称电阻焊接罐。1970 年瑞士的 Soudronic 公司研制出来的用铜线做电极的电阻焊接技术也称铜丝熔焊法,只要经垛片—解除罐身板内应力—搭接成圆焊接,即可将罐身板制成圆形罐身。此方法与锡焊罐相比具有许多优点,已成为接缝罐的主要制作方法。电阻焊接罐优点包括:焊缝是由镀锡板本身熔焊在一起的,不使用任何焊料,食品不受铅、锡污染;焊缝重叠宽度窄,一般为 0.4mm,可节省镀锡板;焊缝厚度小,约为单层镀锡板厚度的 1.2 倍;焊缝薄而光滑,封口质量好;焊缝强度高;节省能源,简化设备;生产效率高。

(2)二片罐。二片罐是指罐底、罐身(筒体)为一体,与罐盖构成的金属罐,有圆形、椭圆形、方形等形状罐。依据罐体的成型方法有深冲罐和冲拔罐。

①冲拔罐(DI 罐)。冲拔罐是先用深冲初成形,再用一系列拉伸操作来增大罐身高度和减少壁厚而制成的金属罐。冲拔罐最初多用韧性好的铝材,后来也采用镀锡板。

冲拔罐的罐壁较薄(0.1mm 左右),耐压力与真空性能较差,多数用于啤酒、碳酸饮料等含气饮料的包装。为了扩大冲拔罐的应用,采用镀锡板制成的冲拔罐,常在罐身压出凹凸波形加强圈,或通过缩短罐高度来维持罐的刚性,这类罐多用于某些蔬菜罐头、宠物罐头的包装。

②深冲罐(DRD 罐)。深冲罐是指用连续的深冲操作(如两次或两次以上)使罐内径尺寸变得越来越小的成型过程,故也称深冲—再深冲法。由此法制成的二片罐称为 DRD 罐。

深冲罐终产品的底、壁厚和原材料薄板的厚度差异较小,因此其材料成本比冲拔罐高。但此法对薄板材料品种要求不严格,可用镀锡板、镀铬板和铝合板制罐。DRD 技术可用于加工收缩径罐,使容器具有足够的强度,易承受制罐等机械操作。

二片罐的生产线投资比较大,相当于三片罐生产线的 8 倍,且二片罐加工设备在罐尺寸的互换性上仍比不上三片罐。但二片罐的最大优点是省去了侧缝,消除了镀锡板锡焊罐中铅对内容物的污染,且由于没有侧缝和底部接缝,减少了渗漏的可能性,因此其发展仍受到重视。

易拉盖的使用提高了罐头食品食用的方便性,使罐装的饮料、食品在市场的销量大增,但也带来了环境保护问题。易拉盖拉环(耳)多用硬质铝材制成,硬且边缘锐利,常刺破轮胎,伤害人、畜。为此,许多易拉罐盖已采用压下盖,开罐时拉环(耳)仍保留在空罐上,以方便废罐回收,减少对环境的危害。

7.1.5.3 金属罐的密封

金属罐二重卷边通常由封口机完成。如图 7-1 所示,封口机主要由压头、托底盘、头道滚轮和二道滚轮四部分组成。如图 7-2 所示,头道滚轮和二道滚轮结构不一样,故需分别完成头道卷封和二道卷封。

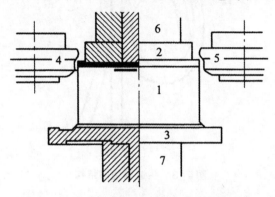

图 7-1　封口时罐头与四部件的相对位置

1. 罐头;2. 压头;3. 托底盘;4. 头道滚轮;

5. 二道滚轮;6. 压头主轴;7. 转动轴

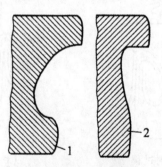

图 7-2　滚轮转压槽结构

1. 头道滚轮;2. 二道滚轮

封口由头道卷封(使罐盖卷曲边和罐身翻边相互钩合,如图 7-3 所示)和二道卷封(将罐盖身钩紧压在一起,并将盖钩皱纹压平,使密封胶很好地分布在卷边内)组合的二次卷边操作来完成,因此也称为二重卷边。二重卷封操作时罐身翻边和罐盖卷曲边相互钩合形成牢固的机械结构。二重卷封由三层罐盖厚度和二层罐身厚度构成,而在二重卷边叠层内充填适量密封胶,以保证密封性。二重卷边卷封过程如图 7-4 所示。

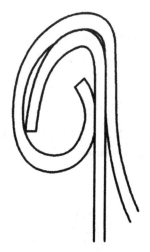

图 7-3　头道卷边的结构

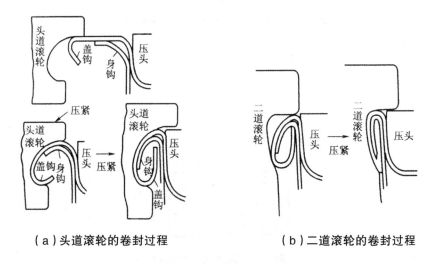

(a)头道滚轮的卷封过程　　　　　(b)二道滚轮的卷封过程

图 7-4　二重卷边卷封示意

7.1.6 其他包装材料及容器

7.1.6.1 玻璃容器

玻璃是包装材料中最古老的品种之一,玻璃器皿很早就用于盛放化妆品、油和酒。19 世纪发明的自动机械吹瓶机,使玻璃工业获得迅速发展,使玻璃瓶、罐广泛应用于食品包装。

(1)玻璃容器的特点。玻璃的化学稳定性高(热碱溶液除外),有良好的阻隔性,不透水,不透气,气味成分和微生物均无法穿透;性质不活泼,不与食品发生反应或没有成分转移到食品中;密封时适于各种热加工工序,可透过微波,便于包装操作(清洗、灌装、封口、贴标等);质地透明,可使包装内容物一目了然,有利于增加消费者购买该产品的信心;可被加工成棕色等颜色,避免光线照射引起食品变质;玻璃的硬度和耐压强度高,竖向强度高,适于堆叠;玻璃容器可循环利用,有利于降低成本。玻璃容器的最大缺点是密度大,运输费用高,不耐机械冲击和突发性的热冷冲击,容易破碎,尖利碎片可能进入食品而导致严重危险。因此,长期以来,玻璃容器都以减轻重量、增加强度作为技术革新的主要目标。

尽管玻璃瓶可被制成各种各样的形状,但对于高价值的食品如葡萄酒等而言,简单的圆柱形强度更高且更为耐用。尖角和玻璃表面的摩擦会降低玻璃瓶的强度,而尽量减少输送过程中容器间接触的"隆肩"设计,可以降低玻璃瓶受损坏的风险。

(2)玻璃容器的发展。玻璃容器向着轻量化和强度强化两个方向发展。

在保证使用强度的前提下,通过降低瓶壁厚度减轻质量而制得的瓶称为轻量瓶。瓶罐轻量化可降低运输费用,节约能源(瓶壁薄、传热快),提高生产率。轻量瓶的制造工艺与普通玻璃瓶基本相同,但整个制造过程的各生产环节要求更严格。例如,原辅材料质量必须特别稳定,玻璃的化学稳定性、热性能及机械强度等必须满足要求。轻量瓶的造型设计更需要避免有应力过于集中的部位。轻量瓶多用于非回收的食品包装。

玻璃瓶的强度强化包括:第一,设计强度高的合适瓶形。瓶身接触面积大的瓶形,强度高,碰撞时应力分散,不易破碎。酱等罐头瓶一般设计为圆筒形瓶身,这种结构不但美观大方,而且不易破碎。第二,化学强化。通过离子交换反应,用半径较大的 K^+ 置换表层玻璃中的 Na^+,从而在玻璃表面形成高强度的压缩层,产生均匀的压应力,以增强其强度,也可使重量比原来的玻璃瓶减轻 50%~60%。第三,表面涂层强化。玻璃表面的微粒纹对强度有很大影响,在玻璃刚出模尚未进退火炉之前,把气态或液态的金属化合物(四氯化锡、四氯化钛、二甲基二氯化锡或其他有机锡）喷涂到炽热的瓶子表面,使之形成一层氧化锡或氧化钛的薄膜(厚度几十至几百埃),可防止瓶罐的划伤并增大表面的润滑性,减少摩擦,增加瓶罐的强度。也可在玻璃退火后,将单硬脂酸、聚乙烯等高分子树脂类塑料用枪喷成雾状覆盖在瓶罐上,形成抗磨损及具有润滑性的保护层。

（3）玻璃容器的类型及封口。玻璃容器根据瓶口大小划分为广口瓶和窄口瓶。广口瓶多用于罐头食品,腌制食品,粉状、颗粒状食品等的包装,窄口瓶多用于饮料、酱类及调味料等流体食品的包装。

玻璃瓶的瓶口种类较多,不同代号的瓶口都有其标准瓶口尺寸,各种瓶口都设计有适合密封的盖子。瓶口上和垫圈或衬垫接触的部分为密封面。密封面可以是瓶口的顶部、瓶口的侧边或可以是顶部和侧边接合在一起,其密封程度决定封口的密封性。

①广口瓶封口。玻璃容器包装的低酸性食品多采用真空型瓶盖密封,用金属盖密封后可耐热杀菌。目前广泛采用的真空封盖有三种类型:卷封(撬开)盖、爪式旋开盖和套压旋开盖。

卷封盖,利用滚轮封口机,通过辊轮的推压将盖边及胶圈紧压在罐口上。特点是密封性能良好,可用于高压杀菌,但开启困难,需用专用工具才能开启(见图7-5)。

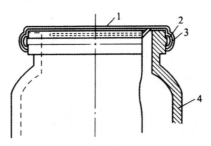

图7-5　卷封盖玻璃罐

1.罐盖；2.口边突缘；3.胶圈；4.玻璃罐身

爪式旋开盖是由钢质壳体制成,随盖的直径大小有3～6盖爪。盖内浇注有塑料溶胶垫圈,它不需要工具就能打开而且能形成良好的密封性能,被称为"方便"或"实用"盖。爪式旋开盖封盖时,顶隙用蒸汽喷冲,利用旋盖机将盖子在瓶口上旋转或拧紧时盖爪坐落或紧咬在瓶口螺纹线下。盖上的垫圈易因封盖机压头的热量而软化以利于密封。盖爪和真空使瓶盖固定在瓶口上(见图7-6)。

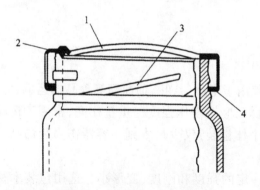

图7-6 爪式旋开盖玻璃罐

1. 罐盖；2. 塑料溶胶垫圈；3. 罐口突环；4. 盖爪

套压旋开盖封口的接触面积大、牢固、紧密，能抗震动及温差变化，易开启，同时盖中心设计了安全装置——真空辨认钮。套压旋开盖是由无盖爪（或突缘）的钢质壳体构成，垫圈为模压的塑料溶胶，从盖面外周边直到卷曲边都形成密封面。套压旋开盖的垫圈在封盖前适当加热，封盖时在压力作用下，玻璃螺纹线就会在垫圈侧边上形成压痕，以便拧开时容易将盖子转出。盖子凭借真空并依赖于盖子冷却时垫圈上螺纹压痕的阻力而固定在瓶口上（见图7-7）。

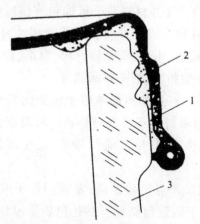

图7-7 套压旋开盖玻璃罐

1. 罐盖；2. 垫片；3. 玻璃罐身

②窄口瓶封口。玻璃容器包装酒类及其他液体类食品多采用窄口瓶，其密封物有盖、塞、封口套和封口标等，采用的封口材料有金属、塑料、软木等。

7.1.6.2 木材

木质容器曾用于果蔬、茶叶、葡萄酒等食品的运输,它们的机械保护性能好,堆垛性好,竖直挤压强度与重量比高,常用于运输包装,较少直接用于食品的个体包装,仅少量木刻小容器作为装饰品、工艺品用于某些食品包装。

木材具有一定的强度和刚度,变形小。选用包装木材时,要兼顾其轻便性、强度及握钉力。不同木材含有不同成分的挥发油,具有特殊气味。例如,杉木有精油气味,阔叶树具有檀香等香味。用它们作食品包装材料,要注意防止其气味污染食品,如柏木、樟木和松木不宜用作茶叶、蜂蜜和糖果的包装。而一些葡萄酒仍采用木制容器,如用栎木容器装葡萄酒,因其含有单宁反而会增加酒的美味,白兰地酒只有在老橡木桶中酿造、陈化、储存,才能获得优良的品质。

7.1.6.3 食品包装辅助材料

(1)缓冲材料。缓冲材料具有吸收冲击能,在较长时间内缓慢释放而达到缓冲的目的。缓冲材料适于运输包装作衬垫用。按材料来源可分为普通缓冲材料和合成缓冲材料。普通缓冲材料有瓦楞纸板、纸丝(碎纸)、纸浆模制衬垫、木丝、动植物纤维、海绵、橡胶及金属弹簧等。合成缓冲材料有泡沫塑料、气泡塑料薄膜等。

(2)密封垫料。密封垫料影响整个包装的安全性以及内容物的密封性。硬质容器的密封离不开密封垫料。玻璃瓶盖的密封垫料为塑料溶胶、泡沫塑料和橡胶圈(垫);金属罐底、盖使用的密封垫料为氨水胶及溶剂胶。

(3)捆扎材料。产品经包装后,常需用带子或绳子捆扎,以加强包装的保护作用,便于运输与储存。捆扎包装是包装过程的最后操作,它可以是单件包装捆扎,如木箱、木盒、纸箱等;也可以数件合并捆扎为一单元。捆扎材料分为金属捆扎材料和非金属捆扎材料。

金属捆扎材料主要有钢带、圆铁丝及扁铁钉。钢带也称打包铁皮,用于捆扎较重的木箱、纸板箱等。钢带的优点是捆扎紧,但操作劳动强度大,钢带易生锈、易割破箱边。扁铁钉用于纸箱箱板之间的固定。

非金属捆扎材料有纸腰带、塑料带及各种胶带。它们具有较好的弹性,易配合包装外形,但其耐气候性不如金属材料稳定,长度易伸长,延伸率较大,易老化。

7.2　塑料制品中有害物质的检测

7.2.1 塑料制品的食品安全性问题

塑料是一种以高分子聚合物树脂为基本成分,再加入一些适量的用来改善性能的各种添加剂而制成的高分子材料。根据塑料受热后的变化情况,将其分为两类:一是热塑性塑料,如聚乙烯和聚丙烯,它们在被加热到一定程度时开始软化,可以吹塑或挤压成型,降温后可重新固化,这一过程可以反复多次;二是热固性塑料,如酚醛树脂和脲醛树脂,这类塑料受热后可变软被塑成一定形状,但在硬化后再加热便不会再软化变形。

7.2.1.1 食品包装常用塑料材料及其安全性

(1)尿素树脂(VR)。尿素树脂由尿素和甲醛制成。尿素树脂本身光亮透明,可随意着色。但在成型条件欠妥时,将会出现甲醛溶出的现象。即使合格的试验品也不适宜在高温下使用。

(2)酚醛树脂(PR)。酚醛树脂由苯酚和甲醛缩聚而成。由于酚醛树脂本身为深褐色,所以可用的颜色受到一定的限制。酚醛树脂一般用来制造箱或盒,盛装用调料煮过的鱼贝类。酚醛树脂的溶出物主要来自甲醛、酚以及着色颜料。

(3)三聚氰胺树脂(MF)。三聚氰胺树脂由三聚氰胺和甲醛制成,在其中掺入填充料及纤维等而成型。三聚氰胺树脂成型温度比尿素树脂高,甲醛的溶出也较少。三聚氰胺树脂一般用来制造带盖的容器,但在食品容器方面的应用要比酚醛树脂少一些。

(4)聚氯乙烯(PVC)。聚氯乙烯是由氯乙烯聚合而成的。聚氯乙烯塑料是以聚氯乙烯树脂为主要原料,再加以增塑剂、稳定剂等加工制成。聚氯乙烯与其他塑料不同,多使用重金属化合物作为稳定剂,通称为软质聚氯乙烯塑料,含有 30% ~ 40% 的增塑剂。聚氯乙烯树脂的溶

出物以残留的氯乙烯单体、稳定剂和增塑剂为主。聚氯乙烯中的增塑剂
己二酸二(2-乙基)己酯(DEHA)能渗透到食物中,尤其是高脂肪食物,
其含有干扰人体内分泌的物质,会扰乱人体内的激素代谢,影响生殖和
发育。表7-2为日本国立卫生试验所发表的聚氯乙烯塑料包装食品在
室温下储存8周,聚氯乙烯单体溶入食品中的试验结果。

表7-2   聚氯乙烯容器溶入食品中的单体试验

容器	聚氯乙烯单体含量 / (mg/kg)	室温保存8周食品中聚氯乙烯单体含量 / (mg/kg)
食用油容器	2.8	< 0.05
威士忌酒容器	1.7	< 0.05
酱油容器	5.0	< 0.05
醋容器	2.6	< 0.05

(5)聚偏二氯乙烯(PVDC)。聚偏二氯乙烯是由偏二氯乙烯单体
聚合而成,具有极好的防潮性和气密性,化学性质稳定,并有热收缩性
等特点。

(6)聚乙烯(PE)。聚乙烯为半透明和不透明的固体物质,是乙烯
的聚合物。聚乙烯塑料本身是一种无毒材料,它属于聚烯烃类长直链烷
烃树脂。但低分子质量聚乙烯溶于油脂使油脂具有腊味,从而影响产品
质量。不同密度聚乙烯在植物油中的溶出情况如表7-3所示。

表7-3   聚乙烯在植物油中的溶出情况

相对密度	浸泡条件	溶出量和溶出物
低密度(0.92)	57℃ 17d	2.8%直链脂肪族烃
高密度(0.95)	57℃ 17d	0.3%直链脂肪族烃
高密度(0.95)	常温短时间(常用条件)	0.063%直链脂肪族烃

(7)聚对苯二甲酸乙二醇酯(PET)。由对苯二甲酸或其甲酯和乙
二醇缩聚而成的聚对苯二甲酸乙二醇酯,由于具有透明性好、阻气性高
的特点,广泛用于液体食品的包装,在美国和西欧作为碳酸饮料容器使
用。聚对苯二甲酸乙二醇酯的溶出物可能来自乙二醇与对苯二甲酸的
三聚物聚合时的金属催化剂(锑、锗),不过其溶出量非常少。

(8)聚苯乙烯(PS)。聚苯乙烯由苯乙烯单体聚合而成。聚苯乙
烯本身无毒、无味、无臭,不易生长霉菌,可制成收缩膜、食品盒等。其

安全性问题主要是苯乙烯单体、甲苯、乙苯和异丙苯等的残留。残
留量对大鼠经口的 LD5（半致死量）：苯乙烯单体 5.09g/kg，乙苯
3.5g/kg，甲苯 7.0g/kg。苯乙烯单体还能抑制大鼠生育，使其肝、肾质量
减轻。残留于食品包装材料中的苯乙烯单体对人体最大无作用剂量为
133mg/kg，塑料包装制品中单体残留量应限制在 1% 以下。如表 7-4 所
示，用含苯乙烯单体 5020mg/kg 的聚苯乙烯容器装发酵乳及乳酸菌饮
料于 5℃、20℃、30℃保存 5 天、10 天和 20 天，发酵乳苯乙烯单体含量为
0.008 ~ 0.193mg/kg，乳酸菌饮料中苯乙烯单体含量为 0 ~ 0.163mg/kg。

表 7-4　聚苯乙烯容器中苯乙烯转入食品试验

样品	温度 /℃	天数 /d	乳酸菌饮料中苯乙烯单体含量
发酵乳	5	5	0.008
		10	0.010
		20	0.029
	20	5	0.039
		10	0.044
		20	0.067
	30	5	0.100
		10	0.192
		20	0.193
乳酸菌	5	50	痕量
		10	痕量
		20	0.023
	20	5	痕量
		10	0.010
		20	0.027
	30	5	0.028
		10	0.047
		20	0.163

（9）复合材料。复合材料是塑料包装发展的方向，它具有以下特点：可以高温杀菌，延长食品的保存期；密封性能良好，适用于各类食品的包装；防氧气、水、光线的透过，能保持食品的色、香、味；部分材料可增加印刷效果。复合材料的突出问题是黏合剂。目前采用的黏合方式有两种：一种是采用改性聚丙烯直接复合，它不存在食品安全问题；另一种是采用黏合剂黏合。

7.2.1.2 塑料制品的卫生标准

用于食品容器和包装材料的塑料制品本身应纯度高，禁止使用可能游离出有害物质的塑料。我国对塑料包装材料及其制品的卫生标准也做了规定（见表7-5）。

表7-5　我国对几种塑料或塑料制品制定的卫生标准

指标名称	溶剂	聚乙烯	聚丙烯	聚苯乙烯	三聚氰胺	聚氯乙烯
单体残留量 /（mg/kg）						< 1
蒸发残留量 /（mg/kg）	4% 醋酸	< 30	< 30	< 30		< 20
	65% 乙醇	< 30	< 30	< 30		< 20
	蒸馏水				< 10	< 20
	正己烷	< 60	< 30			< 15
高锰酸钾消耗量 /（mg/kg）		< 10	< 10	< 10	< 10	< 10
重金属量 （以 Pb 计）/ （mg/kg）	4% 醋酸	< 1	< 1	< 1	< 1	< 1
脱色剂	冷餐油	阴性	阴性	阴性	阴性	阴性
	乙醇	阴性	阴性	阴性	阴性	阴性
	无色油脂	阴性	阴性	阴性	阴性	阴性
甲醛	4% 醋酸					

具体步骤是将食品包装用的各种塑料材料置于各种浸泡剂进行溶出试验，然后测其浸泡液中有害成分的迁移量。测定项目包括单体残留量、蒸发残留量（反映包装材料溶出量）、高锰酸钾消耗量（表示可溶出有机物质的含量）、重金属量、脱色剂、甲醛等。

溶剂的选择依食品容器、包装材料接触的食品种类而定。中性食品可选用蒸馏水作溶剂；酸性食品用4%醋酸作溶剂；碱性食品用碳酸氢钠作溶剂；油脂食品用正己烷作溶剂；含酒精的食品用20%或65%乙醇作溶剂。浸泡温度有室温、60℃或煮沸，浸泡时间为30min到24h,浸泡量以每平方厘米试样2.0mL溶剂计。

聚乙烯、聚丙烯、聚苯乙烯、三聚氰胺类成型品的浸泡条件为：60℃水浸泡2h；60℃的4%乙酸浸泡2h；65%乙醇室温下浸泡2h；正己烷室温下浸泡2h。聚氯乙烯成型品的浸泡条件为：60℃的水；60℃的4%乙酸；60℃的20%乙醇；正己烷(室温),浸泡时间均为30min。

取样时每批按0.1%,小批取样不少于10只,半数供检验用,另半数保存半月以备仲裁。试样洗净晾干备用。

7.2.2 三聚氰胺成型品中甲醛的检测

7.2.2.1 原理

甲醛与盐酸苯肼在酸性条件下经氧化生成红色化合物,与标准系列比较定量,最低检出限为5mg/L。

7.2.2.2 试剂

该检测方法所用试剂如下。

(1)盐酸苯肼溶液(10g/L):称取1.0g盐酸苯肼,加80mL水溶解,再加2mL盐酸(10+2),加水稀释至100mL,过滤,储存于棕色瓶中。

(2)铁氰化钾溶液(20g/L)。

(3)盐酸(10+2)。

(4)甲醛标准溶液。吸取2.5mL 36%~38%的甲醛溶液,置于250mL容量瓶中,加水稀释至刻度,用碘量法标定,最后稀释至甲醛浓度为100μg/mL。

(5)甲醛标准使用液。吸取10.0mL甲醛标准溶液,置于100mL容量瓶中,加水稀释至刻度。此溶液甲醛含量为10μg/mL。

7.2.2.3 步骤

吸取10.0mL乙酸(4%)浸泡液于100mL容量瓶中,加水至刻度,混匀。再吸取2mL此稀释液于25mL比色管中。吸取0mL、0.2mL、

0.4mL、0.6mL、0.8mL、1.0mL 甲醛标准使用液(相当于 0μg、2μg、4μg、6μg、8μg、10μg 甲醛),分别置于 25mL 比色管中,加水至 2mL。于样品及标准管中各加 1mL 盐酸苯肼溶液摇匀,放置 20min。各加铁氰化钾溶液 0.5mL,放置 4min,各加 2.5mL 盐酸,再加水至 10mL,混匀。在 10 ~ 40min 内倒入 1cm 比色杯,以零管调节零点,在 520nm 波长处测吸光度,绘制标准曲线。

7.2.2.4 计算

$$X = \frac{m \times 1000}{10 \times \frac{V}{100} \times 1000}$$

式中,X 为浸泡液中甲醛的含量,mg/L;m 为测定时所取稀释液中甲醛的质量,μg;V 为测定时所取稀释浸泡液体积,mL;10、1000 为换算系数。计算结果保留三位有效数字。

7.3 橡胶制品中有害物质的检测

7.3.1 橡胶制品的食品安全性问题

7.3.1.1 橡胶制品的安全性

橡胶制品常用作奶嘴、瓶盖、高压锅垫圈及输送食品原料、辅料、水的管道等。有天然橡胶和合成橡胶两大类。天然橡胶是以异戊二烯为主要成分的天然高分子化合物,本身既不分解也不被人体吸收,因而一般认为对人体无毒。但由于加工的需要,加入的多种助剂,如促进剂、防老剂、填充剂等,引发食品安全问题。合成橡胶主要来源于石油化工原料,种类较多,是由单体经过各种工序聚合而成的高分子化合物,在加工时也使用了多种助剂。橡胶制品在使用时,这些单体和助剂有可能迁移至食品,对人体造成不良影响。有研究表明,乙丙橡胶和丁腈橡胶的溶出物有麻醉作用,氯丁二烯有致癌的可能。丁腈橡胶耐油,其单体丙烯腈毒性较大。美国 FDA 于 1977 年规定丁腈橡胶成品中丙烯腈的溶出量不得超过 0.05mg/kg。

橡胶加工时使用的促进物有氧化锌、氧化镁、氧化钙、氧化铅等无机化合物,由于使用量均较少,因而较安全(除含铅的促进剂外)。有机促进剂有醛胺类,如乌洛托品能产生甲醛,对肝脏有毒性;硫脲类如乙撑硫脲有致癌性;秋兰姆类能与锌结合,对人体可产生危害;另外还有胍类、噻唑类、次磺酰胺类等,它们大部分具有毒性。防老剂中主要使用的有酚类和芳香胺类,大多数有毒性,如 â - 萘胺有明显的致癌性,能引起膀胱癌。而填充剂也是一类不安全因子,常用的如炭黑往往含有致突变作用的多环芳烃——苯并 [α] 芘。

7.3.1.2 橡胶制品的卫生标准

无论是食品用橡胶制品,还是在其生产过程中加入的各种添加剂,都应按规定的配方和工艺生产,不得随意更改。生产食品用橡胶要单独配料,不能和其他用途橡胶如汽车轮胎等使用同样的原料。我国颁布的《食品安全国家标准、食品接触用橡胶材料及制品》(GB4806.11-2006)是对橡胶进行卫生监督的主要依据。其中规定的感官指标和理化指标,与塑料大致相同。橡胶制品卫生质量建议指标见表 7-6。

表 7-6　橡胶制品卫生质量建议指标

项目		高压锅密封圈	其他垫片	奶嘴
感官指标	成品外形	色泽正常、无异臭、异味、杂质		
	浸泡液	浸泡液无着色、混浊、沉淀		
浸泡方法	取样量	20g/ 份	20g/ 份	20 ~ 50g/份
	浸泡液用量	20mL/g 样品	20mL/g 样品	20mL/g 样品
蒸发残渣、mg/L	4% 乙酸			
	20% 乙醇			
	水	≤ 50 (60℃ /0.5h)	30 (60℃ /5h)	30 (60℃ /2h)
	正乙烷	500 水浴回流 0.5h	2000 回流 0.5h,罐头垫圈	
高锰酸钾消耗量,mg/L,水		≤ 40 (60℃ /0.5h)	40 (60℃ / 0.5h)	30 (60℃ /2h)

续表

项目	高压锅密封圈	其他垫片	奶嘴
锌含量,mg/L,4% 乙酸	≤ 100 (60℃/0.5h)	20(60℃ /0.5h)	30
重金属(Pb),mg/L,4% 乙酸	≤ 4(60℃/0.5h)	1.0 (60℃ /0.5h)	1.0 (60℃ /2h)
残留丙烯腈,mg/kg	≤ 11	11	

注:①乙醇或正己烷蒸发残渣不合格者,不得接触含醇或油脂类食品;②含丙烯腈橡胶必须测定残留丙烯腈

7.3.2 橡胶制品中有害物质卫生标准的检测

7.3.2.1 橡胶制品中卫生标准的检测

国家规定了以天然橡胶为主要原料配以一定助剂加工制成的食品用橡胶垫片(圈)的各项卫生指标的分析方法,适用于以天然橡胶为主要原料,按特定配方,配以一定助剂加工制成的,用于瓶装各种果汁饮料、酒、调味品及罐头食品密封的垫片、垫圈等的各项卫生指标的分析。

(1)取样。以日产量作为一个批号,从每批中均匀取出 500g,装于干燥清洁的玻璃瓶中,并贴上标签,注明产品名称、批号及取样日期。半数供化验用,半数保存两个月,以备仲裁分析用。

(2)外观检查和感官指标。色泽正常,无异臭、异味,无异物,其感官指标应符合规定。

(3)试样处理。将试样用洗涤剂洗净,自来水冲洗,再用水淋洗,晾干、备用。取橡胶垫片(圈)三片 20g,若不足 20g 可多取。

(4)浸泡条件。每克试样加 20mL 浸泡液。水温 60℃,浸泡 0.5h。乙酸(4%):60℃,浸泡 0.5h;乙醇(20%):60℃,浸泡 0.5h(瓶盖垫片);正己烷:水浴加热回流 0.5h(罐头垫圈)。

(5)蒸发残渣与高锰酸钾消耗量。按上述卫生标准中的方法操作。

(6)锌的测定。

①原理。锌离子在酸性条件下与亚铁氰化钾作用生成亚铁氰化锌,产生混浊,与标准混浊度比较定量。最低检出限为 2.5mg/L。

②试剂。亚铁氰化钾溶液,5g/L;亚硫酸钠溶液,200g/L,现用现配;盐酸(1∶1)氯化铵溶液,100g/L;锌标准溶液,100.0mg 锌 /mL

HCl；锌标准使用液，10.0mg 锌 /mL HCl。

③步骤。吸取 2.0mL4％乙酸浸泡液于 25mL 比色管中，加水至10mL。吸取 0mL、0.5mL、1.0mL、2.0mL、3.0mL、4.0mL 锌标准使用液，分别置于 25mL 比色管中，加 2mL 4％乙酸，再各加水至 10mL。于试样及标准管中各加 1mL 盐酸（1∶1），10mL 100g/L 氯化铵溶液，0.1mL 200g/L 亚硫酸钠溶液，摇匀，放置 5min 后，各加 0.5mL 5g/L 亚铁氰化钾溶液，加水至刻度，混匀。放置 5min 后，目视比较混浊度定量。

④计算。

$$X = \frac{m \times 1000}{V \times 1000}$$

式中，X 为试样浸泡液中锌的含量，mg/L；m 为测定时所取试样浸泡液中锌的质量，μg；V 为测定时所取试样浸泡液体积，mL；1000 为换算系数。计算结果保留三位有效数字。

7.3.2.2 橡胶制品中丙烯腈单体的检测

国家标准《食品包装用苯乙烯 – 丙烯腈共聚物和橡胶改性的丙烯腈 – 丁二烯 – 苯乙烯树脂及其成型品中残留丙烯腈单体的测定》规定了顶空气相色谱法（FIP-GC）测定苯乙烯 – 丙烯腈共聚物（AS）和丙烯腈 – 丁二烯 – 苯乙烯树脂（ABS）及其成型品中残留丙烯腈的方法，也适用于橡胶改性的丙烯腈 – 丁二烯 – 苯乙烯树脂及成型品中残留丙烯腈单体的测定。分为氮 – 磷检测器法（NPD）和氢火焰检测器法（FID）。这里介绍氢火焰检测器法。

（1）原理。试样经 N，N– 二甲基甲酰胺溶剂溶解于顶空气测定瓶中，加热使待测成分达到气液平衡，然后定量吸取顶空气进行色谱（FID）测定。根据保留时间定性，并与标准峰高比较定量。检出限为2.0mg/kg。

（2）仪器及试剂。气相色谱仪（带氢火焰检测器）；1mL 中头式玻璃注射器；12mL 顶空气测定瓶，配表层涂聚氟乙烯硅橡胶盖及铝片帽；电热恒温水浴锅。

N，N– 二甲基甲酰胺（DMF）：AR 级，在丙烯腈保留时间处应无干扰峰；丙烯腈（AN），AR 级；GDX–102（60 ~ 80 目）。

丙烯腈 –DMF 标准储备液：1.0mg/mL。

丙烯腈 –DMF 标准使用液：每毫升分别相当于丙烯腈 20μg、40μg、60μg、80μg、160μg。

（3）试样处理。试样应保存在密封瓶中，制成的试液应在 24h 内分析完毕。称取 0.5 ~ 1g（精确至 0.001g）均匀试样至顶空气测定瓶中，加入 3mL DMF，立即加盖密封，试样溶解后待测。

气相色谱条件：色谱柱，4mm×2m 玻璃柱，填充 GDX–102（60目 ~ 80目）；柱温 170℃，汽化温度 180℃，检测器温度 220℃；载气氮气 40mL/min，氢气流速 44mL/min，空气流速 500mL/min。

（4）步骤。气相色谱调至最佳工作状态，将试样瓶放入 90℃ ±1℃水浴中加热 40min，取液上气 1.0mL 进色谱仪。

先将 5 只顶空气瓶分别加 3.0mL DMF，然后各取 4.2mL 标准使用液，分别加入测定瓶中。此时各测定瓶中的丙烯腈含量分别相当于 4μg、8μg、12μg、16μg、32μg，立即将瓶盖密封，混匀，置于 90℃水浴中加热 40min，即分别取顶空气 1.0mL，注入色谱仪，测量峰高。以丙烯腈含量为横坐标，峰高为纵坐标绘制标准曲线，根据试样的峰高定量。

（5）计算。

$$X = \frac{A \times 1000}{m \times 1000}$$

式中，X 为试样中丙烯腈的含量，mg/kg；A 相当于标准的含量，μg；m 为试样的质量，g；1000 为换算系数。在重复性条件下获得的两次独立测定结果的绝对差值不得超过其算术平均值的 15%。

7.4　食品包装纸中有害物质的检测

食品包装纸直接与食品接触，是食品行业使用最广泛的包装材料，所以它的卫生质量应引起人们的高度重视。

包装纸的种类很多，大体分为内包装和外包装两种。内包装为可直接接触食品的包装，原纸，如咸菜、油糕点、豆制品、熟肉制品包装等；托蜡纸，如面包、奶油、冰棍、雪糕、糖果包装等；玻璃纸，如糖果包装；锡纸,如奶油糖及巧克力糖包装等。外包装主要为纸板,如糕点盒、点心盒包装等。另外,还有印刷纸等。

7.4.1 食品包装纸的食品安全性问题

7.4.1.1 纸和纸板包装材料的安全性

纸是从纤维悬浮液中将纤维沉积到适当的成形设备上,经干燥制成的平整均匀的薄页,是一种古老的食品包装材料。随着塑料包装材料的发展,纸质包装一度处于低谷。近年来,随着人们对"白色污染"等环保问题的日益关注,纸质包装在食品包装领域的需求和优势越来越明显。有些国家(如爱尔兰、加拿大和卢旺达)规定食品包装一律禁用塑料袋,提倡使用纸制品进行绿色包装。目前世界上用于食品的纸包装材料种类繁多,性能各异,适用范围也不尽相同。

纸包装材料因其一系列独特的优点,在食品包装中占有相当重要的地位。纯净的纸是无毒、无害的,但由于原材料受到污染,或经过加工处理,纸和纸板中会有一些杂质、细菌和某些化学残留物,如挥发性物质、农药残留、制浆用的化学残留物、重金属、防油剂、荧光增白剂等,这些残留污染物有可能会迁移到食品中,影响包装食品的安全性,从而危害消费者的健康。

包装纸的卫生问题与纸浆、黏合剂、油墨、溶剂等有关。要求这些材料必须是低毒或无毒,并不得采用社会回收废纸作为原料,禁止添加荧光增白剂等有害助剂,制造托蜡纸的蜡应采用食用级石蜡,控制其中多环芳烃含量。用于食品包装纸的印刷油墨、颜料应符合食品卫生要求,石蜡纸及油墨颜料印刷面不得直接与食品接触。食品包装纸还要防止再生产对食品的细菌污染和回收废纸中残留的化学物质对食品的污染。因此,有关食品包装纸的检测主要有以下两方面:一是卫生指标,二是多氯联苯的检测。

7.4.1.2 包装纸的卫生标准

由于近两年食品包装纸存在的安全问题较多,所以大多数国家均规定了包装用纸材料有害物质的限量标准。我国食品包装用纸材料的卫生标准见表 7-7。

表 7-7　我国食品包装用纸材料的卫生标准

项目	标准
感官指标	色泽正常、无异味、无污染
铅含量（以 Pb 计）/（mg/L）（4% 醋酸浸泡溶液）	< 5.0
砷含量（以 As 计）/（mg/L）（4% 醋酸浸泡溶液）	< 1.0
荧光性物质（波长 365nm 及 254nm）	不得检出
脱色试验（水、正己烷）	阴性
致病菌（系指肠道致病菌、致病性球菌）	不得检出
大肠杆菌 /（个 /100g）	< 3

7.4.2 包装纸中有害物质的检测

7.4.2.1 取样方法

从每批产品中取 20 张（27cm×40cm）包装纸，从每张中剪下 10cm²（2cm×5cm）两块，供检验用。分别注明产品名称、批号、日期。其中一半供检验用，另一半保存 2 个月，预留作仲裁分析用。

7.4.2.2 样品处理

浸泡液：4% 醋酸试剂溶液。

将被检样品放入浸泡液中（以每平方厘米加 2mL 浸泡液计算，纸条不要重叠），在不低于 20℃的常温下浸泡 24h。

7.4.2.3 荧光物质的检测

荧光物质检测有薄层色谱法和荧光光度法，这里介绍荧光光度法。

（1）原理。样品中荧光染料具有不同的发射光谱特性，通过特性发射光谱图与标准荧光染料对照，可以作定性检测和定量分析。

（2）定性。点样：吸取 2 ~ 5μL 样液在纤维素薄层板上点样，同时分别点取荧光染料 VBL 标准溶液（2.5μL/mL）和荧光染料 BC 标准溶液（5μL/mL）各 2μL。在此两标准点上再各点加标准维生素 B₂ 溶液（10μL/mL）2μL。

（3）步骤。

①样品处理。将 2cm×5cm 纸样置于 80mL 氨水中（pH=7.5 ~ 9.0），

加热至沸腾后,继续微沸 2h,并不断地补加 1% 氨水使溶液保持 pH=7.5 ~ 9.0。用玻璃棉将纸样滤入 100mL 容量瓶中,用水洗涤。如果纸样在紫外灯照射下还有荧光,则再入 50mL 氨水,如同上述处理。两次滤液合并浓缩 100mL,稀释至刻度,混匀。

②样品测定。将薄层板放入展开槽中,用 10% 氨水展至 10cm 处,取出,自然干燥。样液点样展开后,接通仪器及记录器电源,待光源与仪器稳定后,将薄层板面向下,置于薄层色谱附件装置内的板架上,并固定。转动手动轮移动板架至激发样点上,激发波长固定在 365nm 处,选择适当的灵敏度、扫描速度、纸速和狭缝,测定样品点的发射光谱与标准荧光染料发射光谱相对照,鉴定出纸样中荧光染料的类型。

(4)定量。样液经点样、展开,确定其荧光染料种类后,用荧光分光光度计测定发射强度。

仪器操作条件如下。光电压:700V;灵敏度:粗 0.1;激发波长:365nm;发射波长:370 ~ 600nm;激发狭缝:10nm;发射狭缝:10nm;纸速:15mm/min;扫描速度:1nm/min。

然后由荧光染料 VBL 或 BC 的标准含量测得的发射强度,相应地求出样品中荧光染料 VBL 或 BC 的含量。

7.5 无机包装材料中有害物质的检测

7.5.1 无机包装材料的食品安全性问题

7.5.1.1 金属包装材料的安全性

金属容器内壁涂层的作用主要是保护金属不受食品介质的腐蚀,防止食品成分与金属材料发生不良反应,或降低其相互黏结能力。用于金属容器内壁的涂料漆成膜后应无毒,不影响内容物的色泽和风味,可有效防止内容物对容器内壁的磨损,漆膜附着力好,并具有一定的硬度。金属罐装罐头经杀菌后,漆膜不能变色、软化和脱落,并具有良好的储藏性能。金属容器内壁涂料主要有抗酸涂料、抗硫涂料、防粘涂料、快干接缝涂料等。目前,食品金属内壁涂料的发展趋势是:采用价格低廉而且比较稳定的树脂和油类。如采用聚丁二烯作为制造涂料的原料;采用高固体含量的涂料,改善涂料烘干工艺环境条件;以单层涂料代替多层涂料,或开发多种功能和用途的涂料,提高生产效率等。

金属容器外壁涂料主要是彩印涂料,避免了纸制商标的破损、脱落、褪色和容易沾染油污等缺点,还可防止容器外表生锈。

铁制容器在食品中的应用较广,如烘盘及食品机械中的部件。铁制容器的安全性问题主要有以下两个方面:一是白铁皮(俗称铅皮)镀有锌层,接触食品后锌迁移至食品,国内曾有报道用镀锌铁皮容器盛装饮料而发生食品中毒的事件;二是铁制工具不宜长期接触食品。

目前,铝制容器作为食具已经很普遍,日常生活中用的铝制品分为熟铝制品、生铝制品、合金铝制品三类。它们都含有铅、锌等元素。

7.5.1.2 陶瓷包装材料的安全性

陶瓷包装材料的食品卫生安全问题,主要是指上釉陶瓷表面釉层中重金属元素铅或镉的溶出。一般认为陶瓷包装容器是无毒、卫生、安全的,不会与所包装食品发生任何不良反应。但长期研究表明:釉料主要由铅、锌、镉、锑、钡、铜、铬、钴等多种金属氧化物及其盐类组成,多为有害物质。陶瓷在 $1000\,^{\circ}\mathrm{C} \sim 1500\,^{\circ}\mathrm{C}$ 下烧制而成,如果烧制温度低,彩釉未能形成不溶性硅酸盐,在使用陶瓷容器时易使有毒有害物质溶出而污染食品。如在盛装酸性食品(如醋、果汁)和酒时,这些物质容易溶出而迁入食品,引起食品安全问题。国内外对陶瓷包装容器中铅、镉的溶出量均有限定。陶瓷器安全卫生标准是以 4% 乙酸浸泡后铅、镉的溶出量为标准,标准规定铬的溶出量应小于 0.5mg/L。搪瓷是将无机玻璃质材料通过熔融凝于基体金属上,并与金属牢固结合在一起的一种复合材料。搪瓷器安全卫生标准是以铅、镉、锑的溶出量为控制要求,标准规定铅小于 1.0mg/L,镉小于 0.5mg/L,锑小于 0.7mg/L。

7.5.1.3 容器内壁涂料

食品容器、工具及设备为防止腐蚀、耐浸泡等常需在其表面涂一层涂料。目前,我国允许使用的食品容器内壁涂料有聚酰胺环氧树脂涂料、过氯乙烯涂料、有机硅防粘涂料、环氧酚醛涂料等。

7.5.2 铝制食具容器的检测

7.5.2.1 浸泡条件

（1）试剂。4%乙酸：量取冰乙酸4mL或36%乙酸11mL，稀释至100mL。

（2）方法。先将样品用肥皂洗刷，用自来水冲洗干净，再用蒸馏水冲洗，晾干备用。

①炊具。每批取2件，分别加入4%乙酸至距上边缘0.5cm处煮沸30min，加热时加盖，保持微沸，最后补充4%乙酸至原体积，室温放置24h后，将以上浸泡液倒入清洁的玻璃瓶中供测试用。

②食具。加入4%沸乙酸至距上口边缘0.5cm处，加上玻璃盖，室温放置24h。

不能盛装液体的扁平器皿的浸泡液体积，以表面积每平方厘米添加2mL计算。

7.5.2.2 砷的测定

（1）原理。在酸性条件下，用氯化亚锡将五价砷还原成三价砷，再利用锌和酸作用，产生原子态氢，而原子态的氢将三价砷还原为砷化氢。当砷化氢气体碰到溴化汞试纸片时，会根据不同的含砷量生成黄至黄褐色的砷斑。砷斑颜色的深浅与砷的含量成正比，可根据颜色的深浅比色定量。

（2）试剂。4%乙酸，6mol/L盐酸，15%碘化钾溶液，5%溴化汞-乙醇溶液，酸性氯化亚锡溶液，铅标准使用液，无砷锌粒，乙酸铅棉花，溴化汞试纸。

（3）仪器。含100mL锥形瓶、橡皮塞、玻璃测砷管、玻璃帽。

（4）步骤。取2.0mL浸泡液，置于测砷瓶中，加23mL蒸馏水。另取2.0mL砷标准使用液，置于测砷瓶中，加4%乙酸2mL、蒸馏水21mL，于样品及标准的测砷瓶中加5mL盐酸、5mL碘化钾溶液及5滴酸性氯化亚锡溶液，摇匀后放置10min。加入2g无砷锌粒，立即将装好乙酸铅棉花及溴化汞试纸的定砷管装上，放置于暗处25℃～35℃条件下1h，取出溴化汞试纸和标准比较。其颜色不得深于标准色斑。

7.5.3 陶瓷制食具容器的检测

陶瓷是指经高温热处理工艺所得的非金属无机材料,表面光洁,质地坚硬,吸水性很低,敲叩时清脆有声。

7.5.3.1 浸泡条件

(1)试剂。4%乙酸。

(2)方法。先将样品用浸润过微碱性洗涤剂的软布揩拭表面后,用自来水刷干净,再用水冲洗,晾干后备用。加入4%沸乙酸至距上口边缘1cm处(边缘有花彩者则要浸过花面),加上玻璃盖,在不低于20℃的室温下浸泡24h。不能盛装液体的扁平器皿的浸泡液体积,以表面积每平方厘米添加2mL计算。

7.5.3.2 原子吸收分光光度法检测陶瓷制食具容器中的镉

(1)原理。浸泡液中镉离子导入原子吸收仪中,被原子化后,吸收228.8nm共振线,其吸收量与测试液中的含镉量成比例关系,与标准系列比较定量。

(2)试剂。

①镉标准溶液。精密称取0.1142g氧化镉,加4mL冰乙酸,缓缓加热溶解后,冷却移入100mL容量瓶中,加水稀释至刻度。此溶液每毫升相当于1mg镉。

②镉标准使用液。取1.0mL镉标准溶液,置于100mL容量瓶中,加4%乙酸稀释至刻度。此溶液每毫升相当于10μg镉。

(3)仪器。原子吸收分光光度计。

(4)步骤。

①标准曲线制备。吸取0mL、0.50mL、1.00mL、3.00mL、5.00mL、7.00mL、10.00mL镉标准使用液,分别置于100mL容量瓶中,用4%乙酸稀释至刻度,混匀,每毫升各相当于0μg、0.05μg、0.10μg、0.30μg、0.50μg、0.70μg、1.00μg镉,将仪器调节至最佳条件进行测定,根据对应浓度的峰高,绘制标准曲线。

②样品测定。将测定器调至最佳条件,然后将样品浸泡液或其稀释液直接导入火焰中进行测定,与标准曲线比较定量。

测定条件：波长 228.8nm，灯电流 7.5mA，狭缝 0.2nm，空气流量 7.5L/min，乙炔气流量 1.0L/min，氘灯背景校正。

（5）计算。

$$X = \frac{m \times 1000}{V \times 1000}$$

式中，X 为样品浸泡液中镉的含量，mg/L；m 为测定时所取样品浸泡液测得的镉的质量，μg；V 为测定时所取样品浸泡液体积，mL；1000 为换算系数。如取稀释液应再乘以稀释倍数。

7.5.3.3 二硫腙法检测陶瓷制食具容器中的镉

（1）原理。镉离子在碱性条件下与二硫腙生成红色络合物，可以用三氯甲烷等有机溶剂提取比色，加入酒石酸钾钠溶液和控制 pH 可以掩蔽其他金属离子的干扰。

（2）试剂。

①三氯甲烷。

②氢氧化钠－氰化钾溶液（甲）：称取 400g 氢氧化钠和 10g 氰化钾，溶于水中，稀释至 1000mL。

③氢氧化钠－氰化钾溶液（乙）：称取 400g 氢氧化钠和 0.5g 氰化钾，溶于水中，稀释至 1000mL。

④ 0.1g/L 二硫腙－三氯甲烷溶液。

⑤ 0.02g/L 二硫腙－三氯甲烷溶液。

⑥ 250g/L 酒石酸钾溶液。

⑦ 200g/L 盐酸羟胺溶液。

⑧ 20g/L 酒石酸溶液：储于冰箱中。

⑨镉标准使用液：用 4% 乙酸和 1.0mL 镉标准溶液配制成每毫升相当于 10μg 镉的溶液。

（3）仪器。分光光度计。

（4）步骤。取 125mL 分液漏斗两只，一只加入 0.5mL 镉标准使用液（相当于 5μg 镉）及 9.5mL 4% 乙酸，另一只加入 10mL 样品浸泡液。分别向分液漏斗中加 1mL 酒石酸钾钠溶液，5mL 氢氧化钠－氰化钾溶液（甲）及 1mL 盐酸羟胺溶液，每加入一种试剂后，均须摇匀。加入 15mL 0.1g/L 二硫腙－三氯甲烷溶液，振摇 2min（此步应迅速进行）。

另取第二套分液漏斗，各加 25mL 酒石酸溶液，将第一套分液漏斗内的二硫腙 – 三氯甲烷熔液也放入其中。将第二套分液漏斗振摇 2min，弃去二硫腙 – 三氯甲烷液，再各加 6mL 三氯甲烷，振摇后弃去三氯甲烷层。向分液漏斗的水溶液中各加入 1.0mL 盐酸羟胺溶液，15.0mL 二硫腙 – 三氯甲烷溶液及 5mL 氢氧化钠 – 氰化钾溶液（乙），立即振摇 2min。擦干分液漏斗下管内壁，塞入少许脱脂棉用以滤除水珠，将二硫腙 – 三氯甲烷溶液放入 25mL 具塞比色管中，进行比色，样品管的红色不得深于标准管。否则以 3cm 比色杯，用三氯甲烷调节零点，于波长 518nm 处测吸光度，进行定量。

（5）计算。

$$X = \frac{A_t \times m \times 1000}{A_s \times V \times 1000}$$

式中，X 为样品浸泡液中镉的含量，mg/L；A_s 为镉标准溶液吸光度读数；A_t 是样品浸泡液吸光度读数；m 为镉标准溶液含量，μg；V 为测定时所取样品浸泡液体积，mL；1000 为换算系数。

第 8 章
食品安全生物检测技术

本章介绍了 PCR 检测技术、免疫学检测技术、生物芯片检测技术的基本原理及其在食品安全检测中的应用。

8.1 PCR 检测技术

在现代分子生物学中,最具革命性的发明之一是聚合酶链反应(Polymerase Chain Reaction, PCR)技术的诞生与发展。PCR 是在试管内进行的、在很短时间内大量扩增样品 DNA 的生化反应。因其操作简单而被广泛应用于生物学基础研究、医学临床诊断、食品卫生检验及刑事侦查等领域。

8.1.1 PCR 基本原理

PCR 过程如图 8-1 所示,以变性—退火—延伸三个基本反应步骤为一个循环,反复重复这种循环,使 DNA 得以扩增。

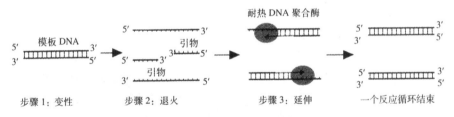

图 8-1　PCR 反应的一个循环过程

添加到反应体系中的物质有待扩增模板 DNA、与模板 DNA 的 5′端及 3′端序列互补配对的寡聚 DNA(引物)、作为聚合酶反应底物的脱氧核苷酸、耐热 DNA 聚合酶、Mg^{2+} 及缓冲组分等。当体系升温到 93℃ ~ 95℃时,双链 DNA 经变性解离成单链(步骤 1:变性);体系温度降至单链模板 DNA 与引物配对的范围时,模板 DNA 与引物配对(步骤 2:退火);当温度升至 72℃时, DNA 聚合酶合成互补 DNA,合成的起点是引物结合位点,方向为 5′ → 3′,按模板 DNA 序列合成互补片段(步骤 3:延伸)。反复进行这三个基本步骤,拷贝 DNA 将在理论上扩增出 2^n 个拷贝(n 为循环数),即 DNA 片段的扩增按指数式递增,如

图 8-2 所示。

图 8-2　PCR 扩增

实际上,许多因素影响着 PCR 扩增效率,使之出现如图 8-3 所示的扩增曲线。循环数达到一定程度后,DNA 片段的增加不再是指数式而是线性增长,甚至出现零增长的平台期(个别实验中也会出现负增长现象)。这是因为随着反应的延续,引物、脱氧核苷酸的浓度逐渐减少,DNA 聚合酶活性逐渐降低。在指数增长期,可根据 PCR 产物量的比较推测其模板 DNA 量的差异,这是 PCR 定量的基础。

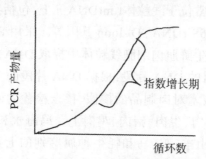

图 8-3　PCR 产物量与循环数的关系

8.1.2 PCR 技术在食品安全检测中的应用

PCR 技术发展得越来越成熟,其应用领域也越来越广泛,尤其是在食品安全检测中得到了广泛的应用。

8.1.2.1 在食源性致病菌检测中的应用

采用传统方法检测食源性致病菌,步骤烦琐、费时费力,并且无法对那些难以人工培养的微生物进行检测。PCR 技术操作简单、方便,只需数小时就可以完成检测；用 PCR 扩增细菌中保守的 cDNA 片,还可对那些人工无法培养的微生物进行检测。

利用 PCR 技术检测食源性致病菌,首先,要富集细菌细胞,通常经离心沉淀、滤膜过滤等方法可从样品中获得细菌细胞；其次,裂解细胞,使细胞中的 DNA 释放,纯化后经 PCR 扩增细胞靶 DNA 的特异性序列；最后,用电泳法或特异性核酸探针检测扩增的 DNA 序列。利用多重 PCR 技术还可以同时检测多种食源性致病菌,如在检测沙门氏菌、检测单核细胞增生李斯特氏菌、检测金黄色葡萄球菌、检测大肠杆菌、多种病原菌的同时检测食源性致病菌。

8.1.2.2 在真伪鉴别检测中的应用

当前,对研究者、消费者、食品工业和政策制定者等各个方面来说,食品的真伪都是一个热点问题,尤其是肉类工业。PCR 技术具有特异性强、敏感性高、操作简便、快速高效等特点,在肉类掺假检测、动植物源性成分检测等方面已经显示出很好的应用价值。目前用于肉类食品成分鉴定的基因通常位于线粒体(mtDNA)i 上,包括细胞色素 b (cytb)基因,12S rDNA、16S rDNA、D-loop 基因等。采用 PCR 技术,从猪肉、羊肉和牛肉等不同生鲜肌肉细胞线粒体中提取 DNA,设计合成引物,进行 PCR 扩增得到目的 DNA 片段,根据 DNA 片段的大小来判断肉种。

国内用 PCR 技术对肉制品的掺假、掺杂检验的研究对象主要集中在市场上常见的羊肉、牛肉、猪肉、鸡肉上。冯海永和韩建林(2010)建立了猪、牛、绵羊、山羊、鸡、马和牦牛种属鉴别的七重 PCR 体系,实现了对这七个物种的快速及准确鉴别,其中对三个物种(牛、牦牛、山羊)DNA 的检测灵敏度在 2.5ng 左右,所检测的 10 种羊肉产品中有两种并不是包装上所宣称的羊肉,而是混杂有牛肉或完全用牛肉替代。

8.2　免疫学检测技术

8.2.1 酶免疫分析(EIAs)

放射免疫分析(RIAs)利用放射活性测定分析物的浓度,而 EIAs

通常使用颜色变化、发光或其他信号来测定。如可需要使用特定的设备,通过测定信号的变化对酶进行定量。EIAs 相对于其他免疫技术有很多优势,因为其信号可通过产生大量的产物分子而得到放大,并已广泛用于食品检测,尤其是基于异相条件下的分析方法(如 ELISA)。常用的酶包括辣根过氧化物酶(HRP)、碱性磷酸酶和 β - 半乳糖苷酶。

由于 ELISA 试剂盒方法的选择性和灵敏度高,操作简单,文献中报道了很多利用其测定食品污染物的方法,包括小分子质量分析物,如酚类和农药类。在建立了一个新的免疫测定方法后,接下来重要的步骤就是优化其在实际样品中的应用。研究内容包括制定理想的实际工作条件,评价基质效应以及确定必需的样品前处理步骤。此外需确定在实际工作条件下检测实际样品时方法的选择性以及回收率。最后,可以将 EIAs 测试天然样本的结果与来自较成熟的其他方法(如色谱法)的结果相比较,来验证 EIAs 方法。按照上述的框架,已有大量关于食品分析中的新免疫测定方法优化和验证的文献报道。Garces-Garei'a 等开发并评估了四种板式酶免疫分析方法,用于常规检测特级初榨橄榄油中的农药残留(二嗪磷、倍硫磷、马拉硫磷和毒死蜱)。结果表明所建立的免疫分析方法与参考方法(GC-MS)有很好的一致性。

Nunes 等报道了应用 ELISA 直接检测水果和蔬菜中甲萘威残留量的方法,检测限为 0.13~6.05mg/L,与液相色谱 - 柱后衍生荧光检测法的检测结果一致。Shen 等完成了包括水产品、肉类和蜂蜜等在内的 10 种基质中氯霉素(CAP)残留的筛查、测定和确认技术研究,检测手段包括 ELISA、高效液相色谱 - 紫外检测器(HPLC-UV)、气相色谱 - 电子捕获检测器(GC-ECD)以及使用电子轰击离子化和负离子模式化学电离的气相色谱 - 质谱(MS)检测法,采用选择离子监测模式采集数据(GC-MS-EI-SIM、GC-MS-NCI-SIM)。

目前已经开发了很多免疫分析方法用于检测牛乳中的抗生素和抗球虫药物残留。Watanabe 等开发了基于单克隆抗体的 ELISA 方法检测鸡血和牛乳中的莫能菌素,检测限为 1ng/mL,批内和批间相对标准偏差分别为 2.1%~6.5% 和 5.9%~12.9%。

目前市场上已有多种商品化试剂盒。Matthews 等对三种商品化的用于检测粮谷中的甲基毒死蜱、甲基嘧啶磷和杀螟松残留的管式试剂盒进行了评价。他们从线性范围、重现性和基质效应以及与相关类似物的交叉反应等角度进行了评估,并且将这些商品化的免疫分析方法与 GC

方法做了比较。该研究发现,甲基毒死蜱的 ELISA 试剂盒灵敏度最高。

有些免疫分析方法用于食品品质评价,如 AOAC 主办的 Performance Tested Method 多个实验室验证,检测四种不同食品基质中的花生蛋白。这次盲样测试中,对三种商品化的 ELISA 试剂盒进行了验证,包括 NeogenVeratox@ 花生检测试剂盒、R-Biop-harm RIDASCREEN 花生快速检测试剂盒和 Tepnel BioKits 花生检测试剂盒。所用食品基质包括早餐麦片、饼干、冰激凌和牛乳巧克力,添加有 0 和 5mg/kg 的花生蛋白。所有的试剂盒都成功地鉴别出加标样本和阴性样本。测试要求对添加有 5μg/g 花生蛋白食物的样本,以及 60 份 0 花生蛋白含量的样本各测定 60 次,这样设计的目的在于确保在 95% 置信区间下限的灵敏度和特异性不低于 90%。含致敏原导致的过敏患病率为 5%,则含有这种致敏原的测试样本以 95% 的灵敏度和特异性的单一试剂盒测试,检出可能性为 50%。当使用两种试剂盒来同时检测这些样本时,可能性为 95%。因此,推荐在现场样本检测时至少要使用两种已经过验证的试剂盒。

近年来,已开发利用了大量的试纸条测试法。Cho 等开发了以直接竞争 ELISA 为基础的微量滴定板和试纸条检测倍硫磷。微量滴定板 ELISA 法的 ICso0 为 1.2μg/L,检测限是 0.1μg/L。抗体与其他有机磷农药的交叉反应很小可以忽略。使用载体膜制备的试纸条可以快速用肉眼判断出 > 10μg/L 的倍硫磷。根据反射测定得出试纸条的 IC 为 15μg/L,检测限为 0.5μg/L。不经过任何浓缩或净化步骤对添加有倍硫磷的蔬菜样本进行检测,回收率在 87%。

Sharma 等评估了两种体外横流免疫分析方法测定几种食品中肉毒神经毒素(BoNTs)的适用性和灵敏度。这两种测定方法,一种是由美国海军医学研究中心(Sil-verSpring, MD)开发的,另一种由 Alexeter Technologies(Gaithersburg, MD)公司研制,均基于免疫检测 A、B 和 E 型 BoNT。这些方法简便快速,对实验室的设备或实验人员的操作技巧要求不高。可以较好地测定样品中 ≥ 10ng/mL 的 A 型和 B 型 BoNT,以及 ≥ 20ng/mL 的 E 型 BoNT。相对于其他体外检测方法来讲,这些检测方法灵敏度较差,只能给出严格的定性检测结果。这些方法成功用于检测多种食物中的 A、B 以及 E 型肉毒毒素,这表明了它们可以作为一种初筛方法用于剔除不合格的样本。

有时,这些检测方法具有无须任何样品前处理的优势;然而,在某些情况下,也必须采用复杂的提取方法,以从复杂的基质中提取残留物。这正如 Lopez-Avila 等在 ELISA 检测前,采用液固提取过程从食品样本中提取农药残留物。该方法总体回收率在 70% 左右,只有甲萘威的回收率为 49.4%。

Uruty 等开发了基于磁性微粒的免疫分析方法检测酒中的氨氟乐灵残留,检测前要使用固相微萃取(SPME)对样本进行处理。加标样本的线性范围是 2~100μg/L,ELISA 方法和官方 GC 检测方法的回收率比较高。

8.2.2 荧光偏振免疫分析(FPIA)

荧光偏振免疫分析是一种均相竞争荧光免疫分析方法。来自样本中的抗原和荧光标记的抗原(AgF)竞争性地结合在抗体(Ab)的结合位点。作为一种均相免疫分析方法,竞争反应在单一反应溶液中进行,不需要洗涤步骤将 Ab-AgF 复合物与游离的 AgF 分离。这种免疫分析方法准确、灵敏,用于检测一些小分子毒性物质,如治疗药物及某些激素。

FPIA 根据三个重要概念,采用均相模式检测特定的分析物。

(1)荧光:荧光素是一种荧光标记物。它吸收 490nm 波长的光,在更高的波长下(520nm)以荧光的形式释放能量。

(2)分子在溶液中的转动:较大分子在溶液中的转动慢于较小分子。根据这一原理可以区分较小的快速转动的抗原-荧光素分子 AgF 和较大的转动缓慢的 Ab-AgF 复合物。

(3)偏振光:荧光偏振技术可以将游离的 AgF 分子与同抗体结合的荧光素标记抗原(Ab-AgF)区分开来,因为在偏振光的照射下,它们具有不同的荧光偏振特性。偏振光是指在单一平面振动的光波。当偏振光被较小的 AgF 分子吸收时,该能量在以荧光形式释放前,AgF 分子能够在溶液中快速转动,从而释放出与其吸收光处于不同平面的发射光,因而称为非偏振光。而对于分子较大的 Ab-AgF 复合物,由于其不能在溶液中快速转动,同样吸收偏振光则释放出偏振荧光。该荧光与吸收光在同一空间平面,从而被检测器检测。

Kolosova 等建立并优化了基于单抗的 FPIA 方法,用于检测甲基对硫磷,其线性范围是 25~10000μg/L,检测限是 15μg/L。在蔬菜、水果和土壤样本中的平均回收率在 85%~100%。该方法具有高特异性和再现性(批内变异系数在 1.5%~9.1%,批间变异系数在 1.8%~14.1%)。

上述研究者同样以单抗为基础建立了另一种 FPIA 方法检测赭曲霉毒素 A(OTA)。此方法具有很高的特异性,与其他霉菌毒素(玉米赤霉烯酮,黄曲霉毒素,展青霉素和 T-2 毒素)的交叉反应性可以忽略不计(<0.1%)。不过,当使用该方法检测天然污染的大麦样本时所得结果与间接竞争 ELISA 法的结果不相符。

8.2.3 化学发光磁免疫分析(CMIA)

化学发光化合物也能用来标记分析物,化学发光化合物与激发试剂结合时,可以发光。Fischer-Durand 等建立了分析莠去津的 CMIA 方法,并对该方法进行了评价,尽管所建立的 CMIA 检测体系的灵敏度没有达到要求,但是该研究为 CMIA 用于检测杀虫剂残留提供了可行性。

8.2.4 流动注射免疫分析(FIIA)

FIIA 是把样本引入载流,随后进入发生免疫反应的反应室中。一般而言,在 FIIA 中,抗体被固定化形成亲和柱,分析物流过亲和柱。抗体结合分析物后,再使酶标示踪物流过柱子,酶标记物与分析物会竞争抗体上有限的结合位点。通常来讲,在间接模式下所得的检测信号与分析物浓度成反比。

FIIA 可以和电化学法、分光光度法、荧光检测法以及化学发光检测法联用。传统的紫外分光光度法也适合于 FIIA 检测生物配体的相互作用。FIIA 已用于检测水中的敌草隆和莠去津。该方法已用作低成本的饮用水筛查方法以达到欧洲饮用水质量标准。FIIA 已成功用于杀虫剂(如三嗪类化合物)的检测。目前,FIIA 也与不同的免疫传感器集成使用。

8.2.5 免疫亲和色谱

该技术利用抗原–抗体之间的结合特性,从复杂的食物和环境基质中选择性提取待测物。该技术特别适用于极性有机物的分析。免疫亲和吸附剂可以预富集结构极其相近的化合物,然后经洗脱、分离并进行分析。例如,应用此法检测水样本中的异丙隆,检测限为 0.1μg/L,也可检测水中的双酚 A。这些过程的主要局限性在于基质效应对免疫试剂的影响,免疫吸附剂的容量小以及有时难以洗脱。

该法在食品中的应用主要集中在黄曲霉毒素和赭曲霉毒素 A(OTA)上。Prado 等用免疫亲和柱与高效液相色谱荧光检测法检测了啤酒中的 OTA。当啤酒样本中 OTA 加标 8.0~800pg/mL 时,回收率范围在 81.2%~95.0%,变异系数在 0.1%~11.0%。检出限和定量限分别为 2.0pg/mL 和 8.0pg/mL。

8.2.6 免疫传感器

免疫传感器是一种特殊的生物传感器,是基于抗体的结合特性建立起来的最先进的技术之一。随着纳米技术、小型化技术、传感器阵列的发展,尤其是生物技术的快速发展,在不久的将来会对新的免疫传感技术的发展起到标志性的促进作用。

国际纯粹与应用化学联合会(IUPAC)将生物传感器定义为一种将生物识别元件(生化受体)与传感元件直接连接,并能提供特定的定量或半定量分析信息的集成设备。对于免疫传感器,其生化受体即为抗体。

这种方法将固相免疫分析的原理与物理化学信号转换元件,如电化学的、光学的、压电的、衰逝波和表面等离子体共振(SPR)相结合。本小节将对应用于食品分析中的大部分与免疫亲和特性相结合的信号传导原理进行总结。

8.2.6.1 电化学传导

食品中的小分子有机残留物(如杀虫剂及其代谢物)几乎没有明显的光学或电化学特征,对于这些化合物与抗体的化学计量结合,通常是采用竞争结合的分析模式。这些技术的限制在于免疫反应的电化学检测,这种检测必须使用能够产生具有电化学活性产物的酶。

基于安培测量、电位测量以及电导测量装置的电化学免疫传感器,已被广泛用于食品分析。在此方面的一些新进展包括使用一次性丝网印刷电极检测多环芳烃(PAHs)以及利用重组单链抗体片段检测。

　　Alarcon 等使用多克隆抗体开发了直接竞争电化学 ELISA 方法,用于酒中 OTA 的定量检测。该分析在丝网印刷碳电极上进行。

　　近来,Zacco 等提出了一种新的基于磁珠的电化学免疫传感技术,检测牛乳中磺胺类抗生素。将磺胺类药物的抗体固定到磁珠上有多种不同方式,如使用蛋白 A 或羧酸修饰的磁珠。在这些方法中,最好的策略是将抗体共价结合到表面甲苯基磺酰化的磁珠上。以辣根过氧化物酶作为标记物,采用直接竞争分析模式,在磁珠上进行的检测磺胺类抗生素的免疫反应。反应后,修饰的磁珠很容易被由石墨–环氧复合材料(m-GEC)构成的磁感应器捕获,该磁感应器同时也是电化学免疫传感的信号传导元。因此,电化学检测是通过辣根过氧化物酶的合适底物以及电化学介质实现的。

8.2.6.2 声转导

　　这些传导装置也已被应用于免疫传感器中进行食品及水分析。振荡压电石英的共振频率会受到晶体表面质量变化的影响。压电免疫传感器能测定质量的微小变化。新的发展是磁弹性传感技术的应用,如使用质量敏感的磁弹性免疫传感器来检测大肠杆菌。然而,过去大部分研究是以石英晶体微天平(QCM)免疫传感器为基础检测痕量化学物质,如二噁英。

　　其他应用的例子集中在病原体的检测上,如 Liu 等所作的研究,在该研究中,大肠杆菌 0157：H7 的检测是使用 QCM 免疫传感器并通过纳米颗粒进行信号放大完成的。石英晶体是一种高度精确且稳定的振子。石英晶体作为一种频率标准时钟已被广泛应用于计算机、通信系统和测频系统的电路中。石英晶体是 QCM 的关键组成部分,因为它定量记录和报告沉积在电极上的质量,质量改变其振荡频率。石英晶体也被用于免疫传感器技术、测量膜片厚度以及化学传感器中。

　　这种表面检测原理被用于以 QCM 为基础的免疫传感器中。制备和表征这些能够使被测物分子有效沉积的表层需要引入复杂的表面科学。此外,这类传感器在食品分析、医学诊断和环境监测领域的商业化应用,也要求这层生物界面具有稳定性及可靠性。因此,抗体固定方法及其稳定性对于制备 QCM 免疫传感器的生物功能界面是非常重要的。

　　这些方法可分为以下三大类：抗体固定在预先涂覆适当材料的晶

体上；通过包埋在多聚膜中进行固定；戊二醛交联的固定。

QCM 免疫传感器表面活化的前提是其对于固定的抗原或抗体必须具有化学活性。此外，使用固定化方法获得的涂层必须尽可能均匀且薄。这些对于 QCM 免疫传感器而言非常重要，因为高灵敏度只能通过使用有活性的薄且牢固的涂层来实现。另外，在免疫传感器使用过程中必须避免固定化材料的流失。尽管在制备 QCM 免疫传感器过程中已经尝试了许多固定化方法，但是尚无高固定率和良好稳定性的理想方法。此外，抗体或抗原的复杂性和多样性使得设计一个最适宜的方法是很有难度的。因此，必须找到一种合适的固定化方法用于固定具有特定应用的抗体或抗原。

QCM 免疫传感器在食品分析中的研制还处于初始阶段，但它是一个最具有前景的领域，目前，大多数的应用集中在对病原微生物的分析上。

8.2.6.3 光学转导

目前已研制出许多的光学设备。固相荧光免疫分析与用待分析物衍生物化学修饰的光传感器芯片相结合，可用于检测水中不同的杀虫剂，甚至可以在几分钟之内同时检测低至 ng/L 水平的多种污染物。Seo 等描述了一种用于检测鸡骨淋洗液中的鼠伤寒沙门氏菌的免疫传感器。该方法使用了集成有两个通道的流通池，一个通过硅烷衍生表面固定抗沙门氏菌的抗体，另一个参比池固定了人免疫球蛋白 G。这个集成的光学干涉仪能够通过与对照通道相比，由屈光指数变化产生的相移特定地进行沙门氏菌测定。尽管分析时间只需 10min，但是为了获得能被传感器检测的菌落水平，需要进行 12h 的预培养。DeMarco 等研发了一种便携的聚苯乙烯纤维光学装置，能在 20min 内进行大肠杆菌 0157：H7 和葡萄球菌肠毒素 B 的分析。这种快速灵敏的装置目前可以在一些国际研究中心购买。

光波导模式谱（OWLS）技术的基本原理是在耦合条件满足的前提下利用衍射光栅将氦－氖激光耦合进入波导层，这一耦合共振现象只在精确的入射角度发生。这一角度会敏感地随着波导表面覆盖介质的折射率变化而变化。在波导层，光通过全反射进入光电二极管进行检测，通过改变入射角度，可得到模式谱，并可通过电模式和磁模式计算有效折射率。OWIS 是一种新型的非标记光学检测方法，可用于研究免疫反应过程中表面吸附、结合以及粘连的过程。该技术已被用于食品分析，如利用竞争和间接免疫分析检测酒中的黄曲霉毒素和赭曲霉毒素。在两种方法中，竞争检测方法的灵敏检测范围在 0.5~10ng/mL。

也有一些基于全内反射荧光原理开发的检测策略。平面入射光会产生衰逝波，激发传感器表面附近的分子，受激发分子的分布与衰逝电场的分布成正比。在一段特征的激发态寿命后，这些受激发的分子会发射出荧光，荧光在分子表面的分布与其激发光相似。因此，当一平面入射光产生了衰逝波后，其激发的荧光衰逝波会按照相同的过程以平面波的形式返回。

近来的研究报道了一种夹心免疫分析结合内角全反射荧光法，用于检测弯曲杆菌和志贺氏杆菌。近来，基于内角全反射荧光技术开发了检测牛乳中孕酮的生物传感器，用于测定日常牛乳样本中的孕酮含量。该法采用结合 – 抑制模式，将孕酮衍生物共价结合于传感器表面，以抗 – 孕酮的单克隆抗体作为识别元件。

表面等离子体共振（SPR）是一种光电技术，在金属导体表面产生的衰逝电磁场能被特定波长、特定角度的光激发。

在过去十年中，开发以 SPR 为基础的免疫传感器用于检测和监控食品和环境领域中低分子质量分析物的研究正引起人们越来越多的关注。SPR 免疫分析法结合了特异性的抗原 – 抗体免疫反应与 SPR 信号传导的高度灵敏度和可靠性，为复杂的分析物基质如食品中目标物的检测提供了优异的灵敏度、特异性、分析速度，并可进行多分析物同时检测。抗体生产技术及信号转导的进步为 SPR 免疫传感器引领下一代生物传感器的发展创造了条件。

表面等离子体共振与瞬时电磁场相关，发生于特定波长的光以适当的角度入射到金属膜表面时，由于全反射条件下产生的消逝场在界面处最强，并随着与界面处距离的增加而成指数衰减，因此 SPR 能够实现仅对发生在传导装置表面的分子间相互作用进行测量。

大多数 SPR 设备使用 Kretchmann 装置，用全反射激发表面的等离子体。一般而言，一个 SPR 免疫传感器是由光源、检测器、传感表面（通常是金膜）、棱镜、生物分子(抗体或抗原)及一个流动系统组成。

传感表面通常是玻璃片上的一层薄金膜（50~100nm），通过一个折射率匹配的油与玻璃棱镜进行光学耦合。除了金，也可以使用包括银、铜和铝在内的其他金属。然而，金是最常用的，因为它具有化学稳定性和自由电子活性。平面偏振光通过玻璃棱镜以大范围的入射角入射到金/溶液双电层表面,并测定不同入射角下产生的反射光的强度。在一定的入射光波长和入射角度下,可检测到最小的反射率,此时在金/溶液的界面处光波与表面等离子体产生共振耦合。

使反射光在一定角度内完全消失的入射角称为 SPR 角。这一临界角除了与入射光波长和偏振状态相关,对传感器表面介质的介电性能也是非常敏感的,尤其是共振状态对与金属表面接触的样品(约 200nm)的反射指数极其敏感。因为光电场位于距金表面 250nm 以内的范围内,固定在金层上的生物分子可影响共振条件。因此,金属片上生物分子(抗原或抗体)的吸附,以及吸附的生物分子构象变化(或随后的修饰)以及与相关物质的分子相互作用都能被准确地检测到。当固定于表面的抗体与分析物结合时,通过共振角的转变可以检测到接触面反射率的变化。这些变化随着时间的推移而被监测,并转化成传感图,能测定分子相互作用的动力学及亲和常数。共振角位移能提供有关结合分析物的量、抗体与分析物的亲和力以及抗体与分析物之间结合(或解离)的动力学信息。

微流控系统对于将抗原抗体溶液输送至金表面是非常重要的。由于 SPR 信号对于金表面固定化物质的结构、构型和反应性高度敏感,这些性质中任何一个微小的改变都会产生实时的监测信号。因此,在研究生物分子的结合或解离反应中精密的动力学信息/构型转变信息时,使用均一的、控制良好的微流控组件是非常有必要的。作为高通量的分析手段,SPR 与其他转导技术相比,具有以下优势:① SPR 不需要进行反应物标记;② SPR 能对界面上的生物分子的相互作用给出持续的实时响应,这有利于对分析系统进行快速评估;③ 传感器表面可以再生,能反复多次使用;④ SPR 仪器适用于微型化和多点检测,对于便携式传感器的开发和制造是非常有用的;⑤ 结合生物识别反应的特异性优势,SPR 免疫传感器可被开发用于准确地检测任何分析物。

除了以上优点,SPR 主要的缺陷如下。

(1)特异性。假如固定到传感器元件上的单层不具有最优的密度或者完整性,那么就会与干扰物产生很高的交叉反应,免疫试剂本身的特异性也与交叉反应有直接的关联。

(2)干扰。SPR 传感器对于任何能产生反射率变化、温度波动或样本不同组成等因素都是很敏感的。

在与食品质量相关的不同小分子有机化合物的检测应用中,基于间接竞争免疫反应原理的 SPR 免疫传感器占据优势。在黄曲霉毒素控制以及水和食品中的杀虫剂残留控制等方面的应用已有多个报道。SPR 免疫传感器已被应用于食品质量控制,如乳制品中的酪蛋白的含量,用于食品掺假控制、转基因食品(GMO)检测以及食品和水中病原体的检测,如 Homola 等开发的 SPR 分析仪在微生物、葡萄球菌肠毒素 B 的检测中显示出很好的稳定性及很高的敏感性。

8.3 生物芯片检测技术

8.3.1 生物芯片技术的原理

生物芯片技术是采用原位合成或微矩阵点样等方法,将大量生物大分子如蛋白质、核酸片段、多肽片段,甚至组织切片、细胞等样品有序地固定在硅胶片或聚丙烯酰胺凝胶等支持物的表面,组成密集的二维分子排列。将其与已标记的待测生物样品中的靶分子杂交,通过特定的仪器(如激光共聚焦扫描或电荷偶联相机)对杂交信号的强度进行快速、并行、高效的检测分析,判断样品中靶分子的数量,从而达到分析检测的目的。

8.3.2 生物芯片的设计和制备

为了确保生物芯片研究的成功应用,其关键因素之一为选择合适的芯片,然而面对多种多样可选择的核酸探针和生物芯片技术,做出恰当的选择往往十分困难。目前有两种生物芯片制备方法:一是通过某种类型的机械手将事先准备好的核酸点在支持物上;二是探针序列通过寡核苷酸原位合成到片基上。

目前的一些生物芯片技术只适用于个别或者中心实验室,然而另外一些生物芯片技术仅在工业环境中得到了应用。本节将概述目前主要应用的生物芯片制备技术,如表 8-1 所示。

表 8-1　现有的生物芯片制备技术

技术	探针类型	每个阵列的点数	实验室制备
接触点制	任意	~30000	是
喷墨点制	任意	~20000	是
无掩膜光刻技术	寡核苷酸	15000	是
喷墨合成	寡核苷酸	240000	否
基于掩膜的光刻技术	寡核苷酸	6200000	否
无掩膜光刻技术	寡核苷酸	2100000	否
微珠芯片	寡核苷酸	~50000	否
电化学芯片	寡核苷酸	~15000	否

我们首先需要考虑有关探针的控制因素及其需要如何控制这些因素。探针为一个传感器,其将样本中的核酸丰度转化为可读的数据,该数据有助于推论基因的表达。作为结果,探针所报告的同源核酸存在的特异性直接和实验的可靠性相关。所以,需要考虑用户可选择的标准,该标准是基于探针和靶基因之间的反应,以及设计的探针所对应的靶分子所占的比例来考虑的。探针可为长度在 25 ～ 70 个碱基或者更多碱基的单链寡核苷酸,也可为双链的 DNA 产物,该产物通常为基因组 DNA 的 PCR 扩增产物或 cDNA 文库的克隆。在一定程度上,探针的选择需要依据研究生物的已有信息来决定,由于寡核苷酸探针要求有一段已测序的基因组,或至少为大量的表达序列标签。若不存在基因组序列,则我们最常见的解决方法为从 cDNA 文库中制备生物芯片探针。

在 20 世纪 90 年代,应用 cDNA 芯片十分广泛,主要原因为合成寡核苷酸价格昂贵并且在大多数生物体内所了解的基因组序列的数量十分有限。随着序列信息的不断积累,寡核苷酸合成的费用逐渐降低,从而促使原位合成的方法被越来越广泛地应用,寡核苷酸探针也越来越流行,寡核苷酸芯片的方法已经成为大多数大规模研究中的首选。

8.3.2.1 探针的选择

在生物芯片设计中探针序列的选择取决于芯片的使用设计,其原因为基因组叠瓦、基因表达研究或者分型中采用的探针标准不同。这里我们主要讨论基因表达芯片中的探针选择。此处有两点需要考虑:采用的探针类型及所需检测的靶基因序列。简言之,设计一套具有相同特性的探针序列,即在所用的实验条件下具有相同的热力学行为。同时,探针必须拥有高度特异性:它们只能检测到与其互补的序列。可针对转录产物、基因或者一段转录产物进行特异的探针设计。事实上,决定靶基因及设计出好的探针是十分困难的,原因在于表达谱芯片的探针序列设计时往往需要衡量很多标准:噪声、特异性、偏差和敏感性。

接下来我们将探讨探针设计的理论方面,然后再讨论实际设计与在目的基因选择中遇到的相关问题。

(1)噪声。噪声为特异探针一个靶基因杂交信号的随机变异,通常采用一组重复测量的变异系数来衡量。噪声应该尽可能地减少,经研究发现,噪声随着探针长度而变化。减少噪声的一种有效方法,特别是在采用短探针时,为对一个靶基因采用多个独立的探针,这是 Affymetrix 设计他们的基因表达芯片 GeneChip 时所使用的主要方法。

(2)特异性。特异性为探针能特异性地检测到所对应的靶 mRNA,从而不和靶以外的其他任何序列杂交。一个特异性好的探针会通过减少和相关序列的交叉杂交,从而最大限度地保持其原有特异性。特异性将随着探针长度的增加而增加,最多能够增加到 100 个碱基,之后,将随着增加长度而减少特异性。由于探针与靶群体中其他序列随机匹配的概率也在增加,特异性影响实际测定的结果:高特异性的探针只能结合单个靶位点产生信号,而低特异性能产生出混合信号,该信号包含真正靶位点的信号和与样本中相关序列的交叉杂交所产生的噪声。十分显然,探针的特异性能够使不正确的杂交信号减少。但是在一种情况下,特异性不是很重要,即交叉物种的杂交,该生物芯片设计用于一个物种与其相关的物种样本进行杂交。该类型的分析在群体研究或者进化中十分重要,由于我们事先知道这种情况下的探针和样品不是完全匹配的,因此优先选择长探针,一般情况下,认为带有 70% 左右识别序列的靶基因可能和一个长的 cDNA 探针交叉杂交。

(3)偏差。因为探针特异性效应或技术限制,来自真实杂交信号的系统测量偏差也应当减少。到目前为止,偏差很难去除掉,但我们可通过一定规则的探针设计来使其减少。图 8-4 指出了这些主要参数如何随探针长度的变化而变化。探针长度增加,噪声和偏差减少,交叉杂交水平增加。

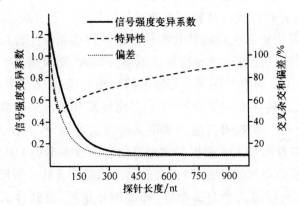

图 8-4　核酸探针长度和三个主要参数之间的关系

（4）敏感性。敏感性为最大限度地检测到探针和靶基因杂交的低信号点。在理想状态下,特异探针检测到的杂交信号,为样本群体的靶基因丰度值的直接测量。一般情况下,长度较长的探针其敏感性较高,其原因为探针和靶之间的结合力随着长度增加而增加。显然,用于探针和靶基因之间杂交的碱基越多,其信号则越强。然而,与可定义序列的特异性不同,敏感性要复杂很多,敏感性取决于探针序列的热力学特性、芯片片基的表面化学、在杂交条件下与靶序列的结合能力和芯片上探针的浓度。

平衡上述参数并不容易,探针序列的选择不可避免地要涉及上述参数之间的权衡。在某些情况下,例如,若事先知道实验主要检测低丰度转录本的表达,则我们希望最大限度地增加探针的敏感性。若需要用于几种不同物种分析的探针,在设计的时候则可考虑放宽特异性。然而在多数情况下,主要目的是设计特异的探针,可靠地检测相关的转录本。

8.3.2.2 寡核苷酸探针

当基因组序列已知时,我们通常采用特异性的寡核苷酸作为探针。自从建立了自动化寡核苷酸合成化学,目前广泛采用的亚磷酰胺单体法能够以合适的产量和纯度合成相当长的寡聚物。我们通过选择合适探针序列,可最大限度地提高敏感性和特异性,避免了因为错误标记克隆文库产生的误差,最重要的是,好的设计可产生一系列性能一致的探针。

下面讨论寡核苷酸合成方法的基本原理。

(1)寡核苷酸合成。寡核苷酸通过化学保护过程合成,保护基团的存在可有效阻止正在生长的核苷酸链上的活性残基发生反应。保护基团的可控制移出,使得单个的特异性碱基可加入,随着碱基和脱保护加入的循环,产生所需要的序列。在标准的固相合成中,寡核苷酸从 3′-5′方向合成,从连接在固相支持物的 3′引物残基开始。5′端被二甲氧基三苯基基团保护,该基团在脱三苯甲基步骤去除,产生自由羟基,使亚磷酰胺单体核苷酸加入。脱保护和碱基偶联的效率不是 100%,因此留下的自由羟基必须封盖,从而防止合成错误的寡核苷酸。新形成的键发生氧化反应,进行第二个封盖步骤,随后循环重复,直到合成所需要的序列。我们所关心的关键参数为偶联效率,即在每一步循环中成功结合一个碱基生成寡核苷酸链的片段。到目前为止所采用的固相合成偶联效率至少达到 99%。下面我们举例解释合成效率:对于 50 碱基的寡核苷酸,合成时只有 60% 是全长的;对于 100 碱基的寡核苷酸,只有 40%以下是全长的。对于 25 碱基、50 碱基、70 碱基长度的寡核苷酸,此长度和合成效率的大致关系如图 8-5 所示。已有结果显示平端寡核苷酸可能减少测定的特异性,所以若可能应去除掉。寡核苷酸合成之后,首先我们应对其进行纯化,从而保证只存在全长的探针,然后再点制在芯片上。纯化可采用 HPLC 技术,或在最后的合成过程中加入 5′ 氨基,因为只有未封盖的全长序列才能与最后一个碱基结合。氨基封盖的寡核苷酸可共价结合在化学修饰的片基上,未修饰的平端探针通过洗脱去除。

制备寡核苷酸芯片的另一种方法为原位合成探针,在芯片片基上合成寡核苷酸(见图 8-6)。第一种方法,采用喷墨头向片基上指定区域输送纳升体积的相关化学试剂,完成传统的亚磷酰胺单体合成法。该方法的偶联效率估计是 98%,虽然比上面描述的固相合成的效率低,60 碱基的寡核苷酸中大约有 60% 是全长寡核苷酸。第二种方法,光引导合成,采用其他的含有光不稳定的保护基团的化学试剂,但并不是上面所说的 DMT。该方法有两种主要技术:Affymetrix 公司开发的掩膜导向光刻技术和采用数字微镜设备(DMD)的无掩膜合成方法。在掩膜导向光刻技术中,一系列的铬 / 玻璃光刻膜控制高密度的光传送到正在合成的芯片上的位置,使得寡核苷酸链脱保护。然而,因为使用了光不稳定基团,偶联效率比较低,从而限制了寡核苷酸的大小只能到25碱基或更小。由于较长序列的全长探针产率低于10%,在DMD引导的合成中,排列着的精密控制的镜子引导高强度的光照射芯片上的特定点,控制脱保护步骤。在该情况下,改进的光不稳定基团可得出高达98%的合成效率,可用于较长寡核苷酸的合成。DNA的合成方法决定了可能制备的探针类型,然而光刻法限定了探针长度范围,这些不足我们可通过高密度来解决。

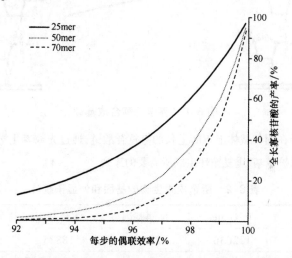

图8-5 全长寡核苷酸的产量与寡核苷酸合成中每步的偶联效率的依赖关系

注:每条曲线分别代表在合成25、50、70个寡核苷酸单体时不同效率的产出百分比

(2)靶基因的选择。我们在设计生物芯片时首先遇到的问题为靶序列的来源:设计探针对应的一组转录产物。虽然已经有了大量生物的高质量的基因组序列,其中包含人和许多其他广泛采用的实验模型,但是对该基因组的转录数据库和基因结构的了解还是远远不够。所以,靶序列的选择永远不会是完美的。

我们以人的基因组为例:可采用NCBI的Unigene数据库、Ensembl的预测注释,或脊椎动物基因组注释(VEGA)项目精心组织的基因模型注释。显然,靶序列组的选择将对探针的数目和复杂性产生影响。表8-2所列为目前用于选择模式生物的基因组和转录组的数据,强调了在选择靶基因时可靠性和覆盖度方面的平衡问题。

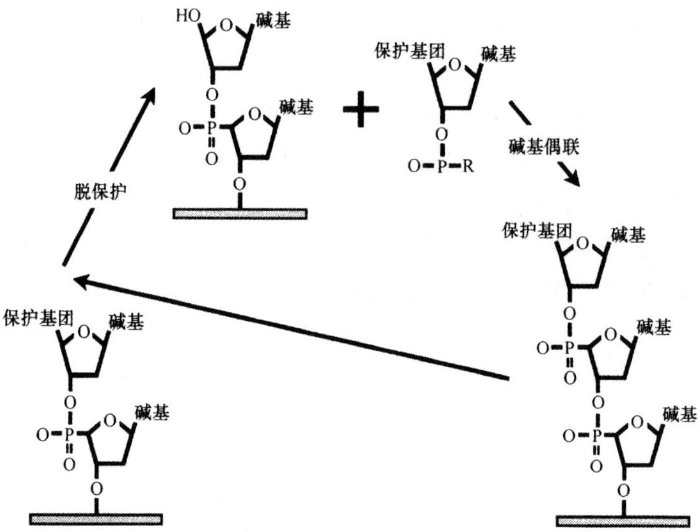

图 8-6 寡核苷酸合成基础

注：连接在固相载体上不断生长的寡核苷酸链，通过光或者化学方法脱保护，合成下一个保护碱基，重复循环生成所需要的序列

表 8-2 所选模式生物的基因和外显子统计

物种	UniGenes	预测基因	注释基因	注释外显子
人	122036	23686	18825	499606
线虫	21657	—	20140	141560
斑马鱼	56768	18825	9741	119200
小鼠	77731	23786	9233	286363
鸡	33566	29430	11954	182183
果蝇	17287	—	14039	65817
拟南芥	29918	—	27029	167212

The Human UniGene collection 是通过 GenBank 表达序列标签的同源性分析后建立的。3′非转录区相同的一组序列形成一个 UniGene 簇，然后用与组织表达和同源基因相关的数据对该簇进行注释。大概有 7000000 序列构建了 122036 条 UniGene 录入，并且定期更新和修改。随着我们对基因组注释和基因结构的理解提高和 UniGene collection 随着新基因的出现而改变，一些基因也会被清除。所以，不久之后，用于设计探针的基因注释一定会有所不同。因此，若用户希望使用最新的基

因组信息来解释基因表达变化,定期修订探针注释是十分重要的。

　　每个 UniGene entry 由单一基因或者表达的假基因基因座的一组转录产物组成,因为许多簇由 4 个或者更少的序列组成,所以此转录序列必须谨慎对待(见图 8-7)。

　　另一种更加严格的方法为联合采用多个数据库和 UniGene,减少序列数量,加强每个靶基因的选择依据。这是个十分重要的任务,需要具有良好的生物信息学经验,特别是需要熟练处理序列数据库和序列聚类工具的人员参与。一个优秀的靶基因选择实例为 Affymetrix 使用的设计过程:U133 Plus 2.0 人类基因组芯片定义了 47401 个转录靶序列,并且检测了 38573 个基因。从 dbEST、RefSeq 和 GenBank 收集序列,滤除杂质序列如重复序列、载体序列、低质量序列。每个源数据库的数据贡献,如表 8-3 所示。该序列集与人类基因组拼接比对,搜寻如剪接和多聚腺苷酸化位点的特征序列,去除不稳定和低质量的转录本序列。该数据结合 UniGene 产生初始的基因簇,此基因簇采用专用并且公开的聚类工具从而进行更严格的聚类,将转录本异构体聚成亚簇。该工具可鉴别核心靶基因组,包括能立刻与特异的探针组区别的特定基因的剪接异构体。其所产生的靶集合平衡了人类基因特征注释的可靠性和基因组的转录复杂性,将二者在单张芯片上实现出来。

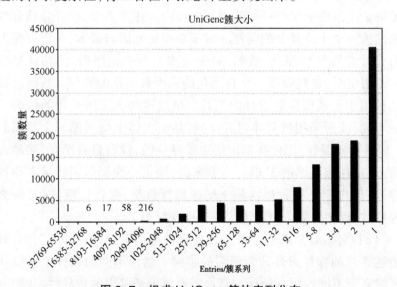

图 8-7　组成 UniGene 簇的序列分布

　　注:超过 40000 个簇仅有一个单一的表达序列标签,说明处理时应该多加注意。图的左手边为含有上万个表达序列标签很少的几个簇,簇数在 X 轴上给出

表 8-3   用于设计 Affymetrix U133 Plus2.0 基因芯片的序列来源

序列来源	已有的簇或者序列	用于设计的簇或者序列
UniGene	108944	38572
dbEST	5030353	2669196
GenBank	112688	49135
RefSeq	18599	13692
合计	5161640	2732023

综上所述,如果要制备一个高覆盖度的生物芯片,靶基因选择十分复杂。对于常用的哺乳动物模型,有些人认为商业化的供应商提供了最好的路线,从而可得到价格实惠的全基因组表达谱芯片。此看法是正确的,由于哺乳动物基因注释一直在发生变化,其基因模型一直在不断更新,一些供应商具有快速改变探针设计的能力,具有一定程度的灵活性,然而学术研究实验室却难以与之相匹配。另外,对于一些具有较小基因组,注释完善的真核细胞,如果蝇或者秀丽隐杆线虫,或者对于原核生物基因组,其基因模型已定义清晰,具有较强的选择靶序列的能力,实验室芯片设计则相对比较稳定。

(3)寡核苷酸探针的设计。由于很多原因,从考察定义靶基因序列,到了解杂交条件下探针—靶基因相互反应的热动力学,设计寡核苷酸探针依然为一个十分复杂的问题。对于单个靶基因转录本,我们可花大量精力设计高特异性探针,然而,对于处理上万个靶序列,尤其是复杂的真核基因组时,显然需要一个自动化的或半自动化的流程。目前已开发了几种用于大规模探针设计的工具。虽然这些方法所采用的精确计算方法不同,或所采用的具体过程不同,然而大体上均遵循一个共同的途径:搜索特异探针,探针在基因组中是唯一的,没有自身结合,热动力学平衡,通常在靶基因的 3' 端。一般来说,提供一套靶基因转录本和基因组序列,用户定义一套包括每个靶的探针数目、探针长度、交叉杂交阈值等参数,程序对每个靶基因生成一个探针列表。

(4)探针设计。有些公开的设计软件可用于探针设计。例如,概括了表达芯片的探针设计通常所需的步骤。然而不同的软件工具设计步骤可能有所不同。所有设计工具均需要评价靶基因的特异性,我们一般采用 BLAST 工具来实现,也需要计算每一个探针的热动力学特性。一般采用 SantaLucia 开发的最近邻模型来计算探针熔融温度。在该模型中，ΔH 和 ΔS 为二聚体的堆积和传播能量，R 为气体恒定常数，DNA 为 DNA 的浓度。去掉在杂交温度时具有稳定二级结构的探针：采用二级结构评价工具如 mFOLD，或是其升级软件 DINAMelt 进行评价。另外，一些设计工具允许事先标记一些不希望的序列，如已知的重复；一些工具提供了低复杂性过滤去除简单序列探针。

8.3.2.3 cDNA 和扩增产物探针

采用双链 DNA 探针，尤其是 cDNA 文库扩增产物，几乎不可能控制我们前面所提到的几个主要参数。由于此类探针足够长，单个的探针可能为敏感的，且能够与大多数或全部靶序列杂交，然而他们容易与相关序列交叉杂交，所以缺少特异性。另外，cDNA 克隆在序列组成和大小方面为非均一的，难以进行不同探针点的信号比较。但是缺少特异性也可能为一个优点，若使用来自一种物种的探针制备的芯片，考察相关物种的 mRNA，此时杂交严谨度将减少。然而不能因为上述问题就认为 cDNA 没有用途，从而放弃 cDNA 芯片。由于生物芯片的选择取决于所要解决的生物学问题，若其目的为鉴别差异表达基因或者共同调控的基因系列，cDNA 芯片可能为一种高效的工具。

8.3.2.4 生物芯片的制备

（1）生物芯片技术平台。到目前为止，我们还没有对不同平台的性能进行客观的比较评价，不同的技术平台之间的一致性较差。目前，生物芯片质量控制项目提供了更严格的不同平台之间的性能评价，所得结论为：不同的平台显示了十分好的一致性。所以，用户不需要艰难地去进行平台的选择，可采用所有可采用的或者可支付得起的平台。

（2）生物芯片布局。与所有实验步骤一样，生物芯片数据的可靠性是由变异性和技术方面原因决定的。一些变异性是由所研究系统的生物学方面引起的，我们可以通过重复实验来解决；另外一些变异性是由生物芯片处理过程本身产生的。操作产生的技术变异主要有两方面：样本的标记和抽提。对于生物学变异，重复实验可解决。生物芯片本身也可能为各种变异的来源，这可通过仔细检查和优化芯片点制和杂交过程从而大大降低变异。对于生物芯片平台，我们可采取几个步骤以助于减少变异或者偏差，这适用于所有的生物芯片平台。

（3）片基。目前采用的片基主要有五种类型,每种都具有不同的特性:氨基片、3D结构片、聚赖氨酸片、醛基片和环氧基片。除上述外,还有些不常见的片基,如使用很少的硝酸纤维素或金。从基本的原理上讲,片基与探针形成共价连接,或通过静电反应结合探针(见图8-8)。前者的优点为探针与片基之间的结合相对很稳定,可强烈地处理(如洗脱标记的样本,再次使用芯片),缺点为探针往往需要用活性基团氨基修饰,从而增加了探针合成费用。后者,可以用于所有DNA点样,然而其结合却不太确定。

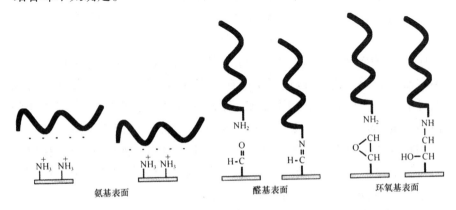

图8-8　结合片基的基本类型及其片基和寡核苷酸探针的反应

注:氨基表面,带负电的DNA与带正电的氨基反应。醛基表面,寡核苷酸上修饰的伯氨基与醛基片上的醛基共价结合。环氧包被的表面,探针上的伯氨基与环氧基共价结合,也可能与A、G和C残基上的伯氨基共价结合,虽然这有可能降低杂交效率

若认真仔细地去处理能够影响点样过程的每个变量,那么任何人均可制备出高密度和高质量的生物芯片。我们制备生物芯片的目的为在片基表面得到一个有序的探针阵列,检测与靶基因特异性杂交信号,同时减少背景信号和其他的非特异性效应,提取可靠的杂交信号。生物芯片点制受环境湿度和温度、接触式点样仪的精密度、溶解探针的点样缓冲液、点样后的处理等条件的影响。因为不同地区环境温度不同,所以不可能给出一个精密的配方。即使使用受控制的洁净室,其环境条件以及相应的点样步骤在两个实验室之间也有所不同。最好的办法是进行一系列预实验,评价重复性、杂交的特异性和点的质量。若这些评价的数据不好,所产生的数据则将难以进行后续的分析。图8-9给出了一

些不好的点的例子。

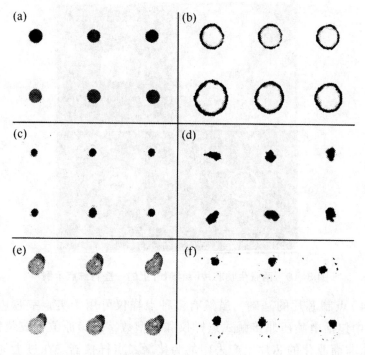

图 8-9　形态不好的点

（a）高质量的点，信号和大小分布均匀。（b）"Rush_spots"往往出现在点样的开始，由于过多的液体黏附在点样针头，然而对于一些片基/缓冲液组合，也可能是因为针与片基表面接触时间过长而引起的。（c 与 d）"煎鸡蛋型"，探针浓缩在点的中间，均匀或不均匀。（e）点偏离理想圆。（f）溶剂快速蒸发，使点分布不均匀。

我们发现不同点样缓冲液/片基化学结合对杂交信号特异性有影响。图 8-10 中给出了一些例子，从而说明片基/缓冲液反应是如何产生错误的信号的。这不是偶然一次的奇异现象，而是可重复性的数据。所以，建议所有新的生物芯片平台都要通过专门的实验研究进行可重复性和特异性评价。

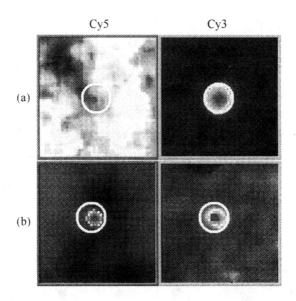

图 8-10　两张生物芯片(a 与 b)上的一些特殊点示例

（4）点制芯片的基础。虽然有多种点样仪可用于实验室芯片的制备,其中包括电喷压非接触式点样仪和小型数字微镜原位合成装置,然而主流非商业化的芯片生产采用的为接触式点样仪器。在过去的几年时间,生物芯片发展相对稳定,出现了更可靠的和更多的商业化生物芯片供应商,使得市场上点样仪的数量有所下降。点样仪的选择是有限的,但原位合成供应商数量增加了,从而得到了平衡,这些供应商可提供定制的高密度生物芯片。

（5）生物芯片上的对照设计。采用对照评价特定杂交的质量和重复性是十分必要的,对照有几种类型,可将其分为两大类：样本对照和芯片对照。样本对照可包含各种非特异性杂交对照,及其加入生物样本中的外源性 RNA 的检测探针。芯片对照为点样探针,用于评价背景或者与芯片非特异的样本反应,包括只有缓冲液的点和"空点"。这些点的测量可进行点外和点上的背景信号的估计。非特异性探针可为一条与目的转录本无明显匹配的随机寡核苷酸,或是随机剪切的不相关生物体的基因组 DNA。采用与外源加入的 RNA 互补的探针,称为掺入对照,是目前认为完好设计生物芯片的最主要对照。此探针组由于加入样本中的外源 RNA 的浓度可控,为评价生物芯片的检测的线性和检测灵敏度提供了一种方法,可在一个广的动力学范围内评价杂交反应,从而也为评价归一化策略提供了有用的数据。对照 RNA 的探针设计则应当与芯片上的其他特异性探针具有相同的热动力学特性,可在探针设计时在靶序列中加入外源 RNA 的序列。

综上所述,研究者必须保证芯片设计包括所有的相关对照,并且尽可能地使用标准对照,一切对照都必须随机分布在芯片上。若目的为得到高质量的数据,应尽可能地采用多个对照。所以,需要在可用的点密度、对照密度和不同的特异探针数目之间进行平衡。推荐用于质量控制的点至少是 10%,最好是 20%。若有空间,在一个芯片上特异探针重复两次或更多。

8.3.3 生物芯片在食品检测中的应用

8.3.3.1 转基因食品的检测

近年来,人们对转基因食品的安全性问题争议很大。传统的测试方法或 PCR 扩增法、化学组织检测法等,一次只能对一种转基因成分进行检测,且存在假阳性率高和周期长等问题。而采用生物芯片技术仅靠一个实验就能筛选出大量的转基因食品,因此,其被认为是最具潜力的检测手段之一。Rudi 等人研制出一种基于 PCR 的复合定性 DNA 阵列,并将其用于检测转基因玉米。结果表明,此方法能够快速、定量地检测出样品中 10%~20% 的转基因成分,因而被认为能满足转基因食品检测的需要。

8.3.3.2 食品微生物的检测

生物芯片技术可广泛地应用于各种导致食品腐败的致病菌的检测。该技术具有快速、准确、灵敏等优点,可以及时反映食品中微生物的污染情况。近年来,许多研究者对生物芯片检测食品中常见致病菌进行了系列研究。

Appelbaum 在对几种细菌进行鉴别时,设计了一种鉴别诊断芯片,一方面从高度保守基因序列出发,即以各菌种间的差异序列为靶基因;另一方面,选择同种细菌不同血清型所特有的标志基因为靶基因,固着于芯片表面。同时,还含有细菌所共有的 16S rDNA 保守序列以确定细菌感染标志。Keramas 等人利用生物芯片直接将来自鸡粪便中的两种十分相近的 Campylobacter 菌种 Cam pylobactejejuni 和 Cam pylobactecoil 检测并区分开来,而且其检测速度快、灵敏度高、专一性强,这给诊断和防治禽流感疫情提供了有利的工具。

8.3.3.3 食品卫生检验

食品营养成分的分析、食品中有毒有害化学物质的分析、食品中生物毒素(细菌、真菌毒素等)的监督检测工作都可以用生物芯片来完成,一张芯片一次可对水中可能存在的常见致病菌进行全面、系统的检测与鉴定,操作简便、快捷。

8.3.3.4 食品毒理学研究

传统的食品毒理学研究必须通过动物实验模式来进行模糊评判,其在研究毒物的整体毒性效应和毒物代谢方面具有不可替代的作用。但是,这不仅需要消耗大量的动物,而且往往费时费力。另外,所用动物模型由于种属差异,得出的结果往往并不适宜外推至人。动物实验中所给予的毒物剂量也远远大于人的暴露水平,所以不能反映真实的暴露情况。生物芯片技术的应用将给毒理学领域带来一场革命。生物芯片可以同时对几千个基因的表达进行分析,为研究新型食品资源、对人体免疫系统影响机制提供完整的技术资料。通过对单个或多个混合体有害成分分析,确定该化学物质在低剂量条件下的毒性,从而推断出其最低限量。

参考文献

[1] 邹小波,赵杰文,陈颖 . 现代食品检测技术 [M].3 版 . 北京: 中国轻工业出版社,2021.

[2] 陈文锐 . 农产品质量安全与检测技术 [M]. 北京: 化学工业出版社,2020.

[3] 王德国 . 食品质量检测 [M]. 北京: 科学出版社,2017.

[4] 钟耀广 . 食品安全学 [M].3 版 . 北京: 化学工业出版社,2020.

[5] 赵丽,姚秋虹 . 食品安全检测新方法 [M]. 厦门: 厦门大学出版社,2019.

[6] 严晓玲,牛红云 . 食品微生物检测技术 [M]. 北京: 中国轻工业出版社,2017.

[7] 高志贤 . 食品安全快速检测新技术及新材料 [M]. 北京: 科学出版社,2016.

[8] 胡文忠 . 食品安全学 [M]. 北京: 化学工业出版社,2022.

[9] 张民伟 . 食品质量控制与分析检测技术研究 [M]. 西安: 西北工业大学出版社,2020.

[10] 陶程 . 食品理化检测技术 [M]. 郑州: 郑州大学出版社,2020.

[11] 周光理 . 食品分析与检验技术 [M].4 版 . 北京: 化学工业出版社,2020.

[12] 魏强华 . 食品生物化学与应用 [M].2 版 . 重庆: 重庆大学出版社,2021.

[13] 张金彩 . 食品分析与检测技术 [M]. 北京: 中国轻工业出版社,2017.

[14] 曲志娜,赵思俊 . 动物源性食品安全危害及检测技术 [M]. 北

京：中国农业出版社，2021．

[15] 师邱毅，程春梅．食品安全快速检测技术 [M]．北京：化学工业出版社，2019．

[16] 罗红霞，段丽丽．食品安全快速检测技术 [M]．北京：中国轻工业出版社，2019．

[17] 刘建青．现代食品安全与检测技术研究 [M]．西安：西北工业大学出版社，2019．

[18] 焦岩．食品添加剂安全与检测技术 [M]．哈尔滨：哈尔滨工业大学出版社，2019．

[19] 刘绍．食品分析与检验 [M].2 版．武汉：华中科技大学出版社，2019．

[20] 郑百芹，强立新，王磊．食品检验检测分析技术 [M]．北京：中国农业科学技术出版社，2019．

[21] 刘少伟．食品安全保障实务研究 [M]．上海：华东理工大学出版社，2019．

[22] 李秀霞．食品分析 [M]．北京：化学工业出版社，2019．

[23] 王利，周京丽，杨洪波．我国食品安全现状与食品检测技术发展研究 [J]．大众标准化，2022（3）：165-167．

[24] 朱险峰．食品质量安全检测及监督工作要点 [J]．食品安全导刊，2022（4）：13-15．

[25] 田娅玲，崔俊，程晓莹．食品安全问题及食品检测发展方向探究 [J]．现代食品，2022,28（2）：29-31．

[26] 孟祥兆．食品安全检测技术对食品质量安全的影响 [J]．现代食品，2022,28（2）：136-138．

[27] 潘奕君．食品安全检测技术对食品质量安全的影响与对策 [J]．食品安全导刊，2021（35）：62-64．

[28] 钟雅翰，彭春．酱卤肉制品中食品添加剂的应用和检测分析 [J]．食品安全导刊，2021（35）：143-146．

[29] 马炎．现代分析技术在食品添加剂检测中的应用 [J]．食品安全导刊，2021（27）：154-155．

[30] 都海燕．离子色谱法在食品添加剂检测中的应用 [J]．食品安全导刊，2021（19）：162,164．

[31] 刘少梅．液相色谱法检测食品中食品添加剂分析 [J]．现代食品，

2021（11）：137–139.

[32] 王睿,方菁 . 禽蛋中农药残留检测方法研究进展 [J]. 中国家禽,2021,43（2）：82–88.

[33] 王春雷,王坤 . 食品检测中农药残留检测技术分析 [J]. 食品安全导刊,2022（2）：25–27.

[34] 黄燕,宋晟,徐文泱,等 . 市售食品中丙烯酰胺污染现状风险分析 [J]. 食品与机械,2021,37（7）：81–86.

[35] 柴晴晴,武文,刘鹏飞,等 . 食品中丙烯酰胺的形成机理、检测方法及控制措施研究进展 [J]. 食品与机械,2021,37（5）：203–208.

[36] 曾晶,戢颖瑞,蓝东明,等 . 反式 EPA/DHA 的来源、检测技术与生理功能研究进展 [J]. 中国油脂,2022,47（1）：53–59.

[37] 俞玥,宋嘉慧,鲁玉杰,等 . 食用植物油掺伪鉴别技术研究进展 [J]. 食品安全质量检测学报,2021,12（13）：5153–5161.

[38] 史艳琴,梁成珠,汤志旭 . 塑料食品接触材料中非有意添加物检测方法研究进展 [J]. 食品安全质量检测学报,2020,11（24）：9075–9082.

[39] 程翠,毕玉芳 . 塑料制品包装材料中有害成分及其检测的研究 [J]. 中国石油和化工标准与质量,2019,39（15）：47–48.

[40] 葛琨,胡玉玲,李攻科 . 食品接触材料样品前处理和检测方法研究进展 [J]. 食品安全质量检测学报,2019,10（14）：4451–4460.

[41] 王鸿远,孙彬青,李志礼,等 . 食品接触纸制品中的有害物分析及迁移研究进展 [J]. 天津造纸,2021,43（1）：6–11.